米格格◎著

# 很努力不如用对力

天津出版传媒集团
天津人民出版社

**图书在版编目（CIP）数据**

很努力不如用对力 / 米格格著 . -- 天津 : 天津人民出版社 , 2019.8（2020.1 重印）
ISBN 978-7-201-15004-8

Ⅰ . ①很… Ⅱ . ①米… Ⅲ . ①成功心理—通俗读物
Ⅳ . ① B848.4-49

中国版本图书馆 CIP 数据核字（2019）第 143883 号

**很努力不如用对力**

HEN NULI BURU YONGDUI LI

出　　版　天津人民出版社
出 版 人　刘　庆
地　　址　天津市和平区西康路 35 号康岳大厦
邮政编码　300051
邮购电话　（022）23332469
网　　址　http://www.tjrmcbs.com
电子邮箱　reader@tjrmcbs.com

责任编辑　赵　艺
装帧设计　韩庆熙

制版印刷　三河市华润印刷有限公司
经　　销　新华书店
开　　本　880 毫米 ×1230 毫米　1/32
印　　张　9
字　　数　150 千字
版次印次　2019 年 8 月第 1 版　2020 年 1 月第 2 次印刷
定　　价　42.00 元

# 序言

## 为什么拼尽全力，却还是过不上想要的生活？

游走在车水马龙的城市，奔忙在拥挤狭窄的公交地铁，多少次心里塞满委屈却装作若无其事，多少次想要放弃却又告诉自己：很多事情不是有希望才去努力，而是努力才会有希望。

这是刚毕业时的我最真实的生活和心理写照。

然而，现实是很打脸的：不是你想做什么工作，就有理想的工作等着你，面试了 20 家你喜欢的单位，也未必有一家肯用你；不是你找到了自认为喜欢的工作，就真能把它做好，真坐在了当初希冀的职位上，却施展不出自己的长处，那种痛苦和压抑，真的会让人崩溃。

在那两三年里，我跑遍了大半个北京城，跳槽了多家单位，却没有一份做长的工作，手里也没有一点存款。最后，连仅有的一点心气儿都被磨没了，剩下的只有空落落的挫败感。

我开始怀疑：努力到底有没有意义？为什么我已经很努力了，却还是一无是处？

迷茫中的自己，也会忍不住跟身边的人比较：当初的起点是一样的，为什么他能找到一家不错的单位，开始像影视剧里演绎得那样平步青云，拿到比我高出两三倍的工资？说起自己的职业发展时，他的眼睛里闪烁着光芒，似乎那未来指日可见。摆在我眼前的是什么呢？更像是一块玻璃吧！看起来也是光明的，却无路可走。

写这段文字时，我脑海里不停地浮现出那段心路历程，既有心疼，也有感慨。心疼的是，自己真的付出了很多，几乎日日都在奔波，却收获甚微，撑不起自己想要的生活；感慨的是，那个阶段没有人提醒我，不是努力没有意义，是有意义的努力，才能换来想要的结果。

回想那个阶段的自己，一直都处在焦虑的状态中，做什么都想立竿见影，以为凭借热情和所谓的努力，就能把理想变成现实。屡屡受挫后，终于认清了一个真相：真正地融入社会、发展自己，得抛弃不切实际的幻想，清楚自己想做什么，更要清楚自己能做什么，能依靠什么样的方法和途径，去一步步接近靠谱的目标。

不曾经历，不会懂得。

在那一次彻底停下脚步、深入反思过后，我的人生开始踏上转折之路。放下理想主义、不切实际的目标，选择一份适合自己、能发挥长处的工作，再不断地突破思维定式，摸索工作方法……自那以后，我的主业一直跟撰稿相关，但领域在不断拓展。至今，我已经做了 6 年的自由职业者，并逐渐走上“斜杠青年”之路。

每个人的经历都是独一无二的，没有太多现成可复制的模板，因为起点不同，要去的地方也不同。不过，思维和方法这些东西是有价值的，就算是不同领域的工作者，如果能养成系统性的思维，掌握正确的做事方法，都可以成为受益者。

人生不可避免会走一些弯路，可如果能够提前认识到一些东西，改变自己的认知，就可以缩短弯路的距离。当全世界都告诉我们要努力的时候，我想谈谈该怎样努力。愿这本书的陪伴，可以让你在迷茫时找到方向，让你的努力不辜负自己。

米格格

2019 年 · 春

# 目录

# Part 1

## 比不努力更可怕的，是假装自己很努力

# 别再假装努力了，结果不会陪你演戏

## ——真正的努力不需要表演

大学住校时，寝室里有个姑娘，每天雷打不动地早晨 5 点半起床。

洗漱完毕、收拾妥帖后，她就带着一包咖啡去教室上早自习了。到了 7 点半，再去食堂吃早饭，接着就开始按部就班地上课。她很少午休，晚上要到 9 点半左右才从自习室回来。

她每天的时间都排得很满，所有人也都目睹着她的努力。然而，就是这样一个拼命上进的姑娘，接连考了两次英语四级都未通过，没拿过一次班级奖学金，除了读英语时的发音比其他人好一些，似乎也再没什么特别的成就了。

在四年的大学生活里，能够坚持每天早起的人并不多，她的付出是有目共睹的，可回报却来得那么吝啬。这不禁招来一些爱调侃的同学私下讥讽：“我要有她那样的毅力，怕是GRE都考过了吧！”倒也不是故意嘲笑和贬低，说这话的人，每天都掐着点起床，坚持“不迟到就万岁”的理念，没见终日埋头苦读，该玩的时候比谁都放肆，可学业却一点儿也没落下，她是整个系里四级英语成绩最高的人，还用两次奖学金款待了全寝室的同学。

一个活得像苦行僧，拼了命地学，不浪费分秒，任何时候都显得比其他人要努力；一个活得像逍遥派，看起来对什么都满不在乎，该吃吃、该喝喝、该玩玩。到头来，前者却被后者甩出了两条街。那个时候的我们，想不通到底是什么缘故，让这两个人有着如此大相径庭的结局，更多地会认为，就是“脑子”好不好使的问题。

步入社会以后，置身的环境变了，却还是经常会瞥见和那位“每天早晨5点半起床”的姑娘相似的身影。慢慢地才意识到，很多问题并不像表面看起来那么简单。

晓悠是我在第一家单位认识的同事，那会儿没有微信，占据人们精神领地的是“QQ签名”和“QQ日志”。她每天像打了鸡血一样，发表着一些激励人心的签名，但偶尔又会在日志里抒写自

己的痛苦状态。当然，我猜想她设置了阅读权限，领导应该是看不见的。

当时，公司刚接了一个比较急的项目，要求各部门尽全力协调，把第一期的广告做好。晓悠负责文案，依稀记得她在日志里发了这么一段话："绞尽脑汁地想了两天，都没有想到一个合适的标题，内心的挫败感一下子就涌了出来。向来倔强，不愿服输，可这样的性格也带给了我很多痛苦，这两天被折磨得寝食难安，好不容易睡着了，梦里还是各种标题。不知道今天会不会好一点？但这个问题我必须解决，没有借口。"

听起来是挺励志的，有股子不服输的劲儿，可最后她做出来的文案，还是被上司一口否决了。这样的情况已经不是一两次了。上司提醒过她：写文案要考虑到客户的需求，抓住客户的痛点和痒点，不能从自己的角度出发，过于理想化。那些不接地气的东西，不可能打动客户，也不可能让人铭记于心，这样的广告是无用功。

面对上司的指正，晓悠每次都是频频点头，承诺自己会改进、会学习，也在签名上"反省"自己。然而，半年的时间过去了，她还在同一个坑里反复地跳着。最后，上司找到她，跟她谈论调职的问题，她还为此哭了一鼻子，说自己会努力的，希望再给她一次机会、一点时间。

后来，我离开了那家公司，晓悠在工作方面的具体情况，我不太清楚。就在我离职半年以后，发现晓悠也离职了。而后一次闲聊，她在 QQ 上跟我说："我已经很努力了，却还是做不好，可能我真的不适合那份工作吧！"

那个阶段的我，也没有太多的工作经验和心得体会，能给晓悠的就是一点点安慰。换作现在的我，可能会询问她：你认为的努力是什么样子的？寝食难安、终日想着未完成的工作，就算是努力了吗？你有没有做过一些对提升文案写作有益的举动？比如，参考一些经典的广告案例，尝试着模仿一些文案的思路和方法，将其借鉴到自己要推广的产品文案中？如果没有后面这些积极行为，那么所有的焦虑、担忧，以及对自己的劝慰和激励，都算不得真正意义上的努力。

现在，有很多人喜欢标榜"努力"，甚至"夸大"努力：明明减肥的计划才执行了一两天，却要把运动的时间、大汗淋漓的自己，全部呈现在朋友圈、微博上，让所有人都知道自己在为减肥辛苦付出；明明一个月只加了一次班，却偏要拍一张在空空如也的办公室里独自一人奋战的情景，让人觉得自己很忙碌；明明是上班时间静

不下心，到了下班点无法完成任务，却要抱怨每天披星戴月，没有一点儿娱乐和消遣。

这样的努力，不是真的努力，而更像是一场自编自导自演、感动自己、说服自己的表演。毕竟，没有人愿意承受失败，更没有人愿意承受“失败的原因在于自己”的现实。所以，我们才会在潜意识的作用下去表演努力。因为把“努力”拿出来给世人看，就能在失败来临的那一刻，自欺欺人地说一句“我已经尽力了”。

不要再用表演出来的努力安慰自己、麻痹自己了，因为结果不会陪你演戏。要知道，这种表演式的努力，甚至比不努力更可怕。明明没有做任何有益于目标的行动，却沉浸在虚无的满足感中而不自知，还站在道德的制高点上扼杀了别人唤醒我们的机会。

真正的努力，不是让别人觉得自己很努力，也不是把努力的一个片段当成全局来表现，更不是打了半天鸡血、立了一堆誓，最后却还在原地打转。**那些真正努力并得偿所愿的人，没有太多的私心杂念，更不会急功近利，他们只把所有精力专注于能够实现目标的事情上，靠着日积月累的自律，最终换得他人的望尘莫及。**

# 低水平的重复，注定了你的一无所成

## ——有效的学习是不断超越

朋友R过去一直做文职，这两年想拓展自己的能力，就调岗去做销售了。

正所谓，隔行如隔山。尽管以前在公司也经常跟营销部的同事打交道，看他们跟客户沟通聊天，可轮到自己去做了，才发现根本没那么简单。有很多次，刚一开口就直接被客户怼回去了，尴尬得脸红，却无言以对；还有很多次，感觉跟客户聊得很投机，可到了该签单的时候，客户却突然改变了主意……这些问题让R一头雾水，完全不知所措。屡屡受挫的她，迫切地想要改变现状。

为了弥补销售经验的欠缺，她买了大量销售口才、销售心理方面的书，试图从中找到解决办法，让自己今后再跟客户交谈时，不至于那么被动，能够更灵活地处理突发状况，也能更了解客户的心思，投其所好地去满足他们的需求。她还牺牲了不少个周末，去听销售讲座、上培训课程，把一些重要的话术背得滚瓜烂熟……无论是她自己还是旁人，都觉得这个姑娘算是很努力了。可即便这么努力，她还是经常两三个月都出不了一单。

有一次，公司新推出一款破壁机。作为销售员的R，在接受内部培训时，认真记下这款产品的功能属性、卖点。事实上，但凡看过的书、听过的讲座、学过的话术，她都仔仔细细地记录在一个本子上，每日都要拿出来看一看、背一背。她一直认为：把这些东西深谙于心，再给客户介绍产品，他们肯定会心动。

然而，真实的情景是什么样的呢？

客户进店，R笑脸相迎，热情地向客户介绍："您好，这款破壁机是最新推出的产品，打肉泥和鱼泥都没问题。现在不都讲究健康养生吗？咱们自己在家制作点东西，非常方便，而且干净卫生。"

客户看了R一眼，眼神里透着一股不满的情绪，冷冷地回应道："对不起，我压根儿就不会做饭，也比较懒。我去看看其他的。"

"您想看什么产品？我可以帮您推荐一下，现在店里有不少产品都在做活动。”R继续说道，试图减缓一下尴尬。结果，客户甩出一句话，彻底让R闭了嘴：“不用了，我随便看看，你去忙吧。”

这样的情况不是偶然，而是常态。每一次，R都是既尴尬又郁闷，同时也充满了疑惑：

销售书籍上明明告诉她，对客户一定要笑脸相迎、充满热情。可是很多次，R全程陪客户笑得腮帮子都酸了，对方却没给她一个好脸，甚至还抛出一副“看不起”的模样，让R特别委屈。

培训讲座上的那些经典问话方式，听的时候觉得头头是道，特别有理，可到了现实中，真的去跟客户沟通时，一句话也想不起来了，完全靠临场发挥。费了不少力气介绍产品，却被客户简单的一句话给堵回来了，根本不知道该怎么接话茬，只好报以微笑，期待下一位客户能买账。

两年的销售生涯，已经让R有点儿疲于应对了。她开始怀疑，自己是不是真的不适合这份工作？为什么自己很努力地去做，很想把它做好，却还是落得这样的结局？

像R这样的情况根本不是特例，应该说在现实中比比皆是。大家都知道，这是一个终身学习的时代，不进则退的人，最后必遭淘汰。但凡对生活、对自己有一点儿要求，谁都不会放弃努力成为更

好的人。然而，懂得就意味着能如愿吗？R 的经历已经给出了答案，满屏调侃“道理全都懂，却依然过不好这一生”的论调，也逼真地映射出了真相。

说多了，全是泪。在努力无果的那一刻，我们不禁会产生疑问：学习到底有没有用？看书到底有没有价值？如果是有用的，为什么自己一直不间断地努力，收获却如此甚微呢？

学习知识和技能，肯定是有用的，这一点毋庸置疑。可关键的问题是，你读了多少本书、听了多少场讲座和经验分享都不重要，重要的是，你有没有一个思维框架。如果一个人的脑子里根本没有建筑图纸，他却一直搬砖，结果会是什么？不言而喻，砖搬得再多，也只是一堆砖，不可能变成房子。这就如查理·芒格所说：**“如果你只是孤立地记住某一事物，试图把它硬凑起来，那么你无法理解任何事情……你必须依靠模型组成的框架来安排你的经验。”**

认知心理学告诉我们：大脑只能以自己已经理解的东西来解读新的东西。一开始，你给大脑植入的东西层次越高，你再用它去理解其他东西，就容易看出门道，豁然开朗。如果只是用大脑中现存的“低水平的内容”去解码新的东西，就会陷入“知识没少学，却无任何长进”的循环中。

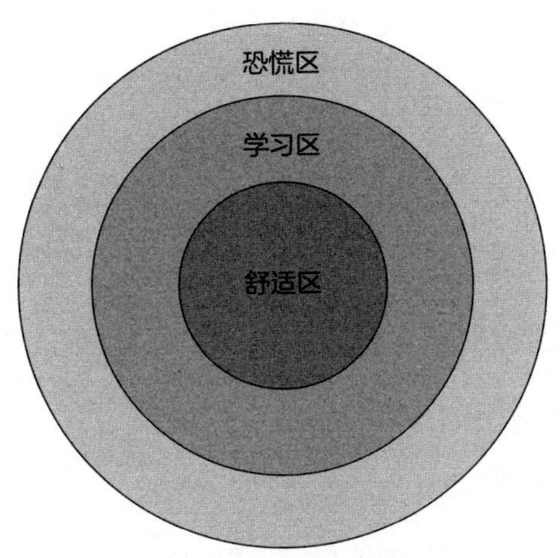


人的知识和技能，可分为层层嵌套的三个圆形区域：

最里面的一层叫作“舒适区”，是我们已经熟练掌握的各种技能。在这个区域里做事，就是我们每天过着正常的生活，几乎没什么太大的变动。

最外面的一层叫作“恐慌区”，是我们暂时无法学会的技能。这个也很好理解，我们不是学医的，对于治病救人这样的事，自然无法驾驭。如果不是专业人士，这辈子怕是都无法触及。

中间的一层叫作“学习区”，这也是我们要说的重点。要想持续地进步，就要持续地在“学习区”做事，不断地让自己精进。如果只是停留在“舒适区”，那就无异于在进行低水平的重复，是很

难获得进步的。

至此，我们就会明白：纵使R读了很多书，听过很多课程，但也只是低水平的重复，不懂得适当变通和应用。她所谓的“懂得”，仅仅停留在“知道”的层面，就像“普朗克的司机”，听过普朗克这位科学家的多次演讲，也能流利地背出演讲词，自诩能代替普朗克上课，却在被人问到问题时打了脸。知道，只是知道而已，并没有让知识为己所用。

对R来说，她需要做的是，先构建起对营销的正确认知，在核心思维模式下，去理解和补充具体的知识。我们要明白，“术”永远是为“道”服务的。掌握了“道”，才会懂得“术”的意义，以及如何去使用。

其实，这样的经历我也有过。

前一两年，我关注了不少心理学的公众号，每天都会阅读那些推送的文章。因为系统地学习过这方面的内容，只是个案的经验不够丰富，所以在看那些大咖们的分享时，感觉有很多东西都是自己熟悉的，也很容易理解，认为这些内容将来自己也能够用得上。

结果如何呢？事实证明，那一两年真的是被浪费了。许多精彩的文章，在阅读完的第二天，我就已经忘得差不多了，甚至当时觉得特别经典的话语，都转述不出来。那个时候，我才意识到：总是拼命地汲取新知识，却不给自己反思和消化的时间。每天看的东西不少，感觉像是在学习，其实任何益处都没有。

自那以后，我取消了一些公众号的关注，不再贪多，只保留最权威的一两个。我为自己建立了一个文件夹，按照不同的问题来分类，如：亲子关系、婚恋关系、自我成长，遇到比较受用的文章时，我会先粗略地看一遍，确定它在谈哪方面的问题，再将其收录在相应的文档中。详细阅读后，我会把里面牵涉到的知识点重新回顾一遍，翻教材，查资料，并做一份阅读笔记，写出自己的心得收获。

坚持了几个月之后，就感受到了这种学习方式的益处，掌握的东西都比较系统，而不是零零碎碎的。比如，在提及“低自尊”的问题时，能够回忆出自己看过的那些案例、电影，以及解决此问题的相应方法。那些被吸收了的知识点，也能在我自己的文章中，通过自己的所见所闻诠释出来，真正实现了“学以致用”。

我也终于明白，不是什么事情坚持 1 万小时，就一定会有建树。提出这个定律的人是马尔科姆，他真正想告诉我们的是，那些在专业领域做出大成就的人，都是进行了有针对性的练习，而不是低水平的重复。就好比阅读这件事，不是看了 1 万小时的公众号文章，就能吸收很多知识，而是要认真地、精心地去钻研，这 1 万小时的付出才有价值。

两者的区别就像走路和原地踏步。想去远方，就得一步步地往前走，该拐弯的时候拐弯，该迈坎的时候迈坎。原地踏步虽也是靠双脚交替进行的，可这样的动作重复“1 万个小时”，改变的除了时间以外，没有任何东西。

努力，不是简单机械化的重复，始终停留在舒适区内，用看似没有停歇的行为，去安慰自己说“我在努力”“我很努力”。**努力，一定是日新月异、不断超越的，更多的时候是在不舒服的状态下去磨砺和提升自己，每天进步一点点，最终拥有一个充实、饱满的人生。**当每一个今天的你，跟昨天的你相比都有区别和进步时，你才能说自己是真的在努力；也唯有这样的努力，才能给你想要的蜕变，而不是浪费了时间与青春，却换来一个越来越迷茫的未来。

# 不是所有的坚持，都会换来好结果

## ——有意义的坚持才有结果

2019 年元旦过后，我上了一次别开生面的心理课。

说它“别开生面”，主要是老师的授课方式和以往有很大的不同。在有教材、有主题的情况下，多数老师都会先介绍一下，这门课程要学习的内容有哪些、重点是什么。介绍完之后，再按部就班地开始讲授。可是，我们的那一次课，却是从成语“滴水穿石”开始的。

老师播放了一张 PPT，上面是一张“滴水穿石”的图，底下是来自百度百科的释义：滴水可把石头打穿。比喻虽然力量小，但只要目标专一，持之以恒，就一定能把艰难的事情办成，也作“水滴石穿”。

一切看起来都那么常态化，没有什么问题，就像多数人看到“滴水穿石”这个成语时，脑海里也会浮现出“坚持”“毅力”“时间”等字眼，认为这就是它的寓意。然而，老师接下来的问话和解答，却让我们陷入了沉思：“滴水一定能够穿石吗？”

· 如果水滴的起点和石头之间，没有足够的距离，能穿石吗？

想必，水要么渗入石头中，要么顺势而流下，无法穿石。

· 如果水滴和石头的位置不直接相对，石头在水滴的旁边，能穿石吗？

水没有滴在石头上，穿石也就无从谈起。

· 如果水滴和石头的位置合适、高度合适，没有足够的时间，能穿石吗？

穿石不是一日之功，而是日积月累“砸”出来的。

多数人都知道“滴水穿石”的启示，但不是每个人都思考过“滴水穿石”的条件。

生活中，我们总会读到一些激励人心的句子：“成大事不在于力量的大小，而在于能坚持多久。”从字面意思上看，这与“滴水穿石”如出一辙。然而，回归到现实中，我们却总会体验到理想与现实的巨大落差：很多事情，不是你坚持了，就一定有结果。

我认识一位酷爱写诗的朋友，早在十几年前就开始琢磨出诗集，无奈每一次投稿都石沉大海。写诗无疑是他的兴趣和志向，然而就事论事，他的诗词内容和质量，似乎并不太符合时代潮流和读者口味，出版社拒稿也在情理之中。

可这位朋友很倔强，就一门心思要出诗集，甚至把本职工作都给扔了。后来，他和别人一起创业，开了一家文化公司，原本发展势头是很好的，他也从中赚到了一些钱。可好景不长，他觉得繁忙的业务让自己无暇创作，任何外物的获得都难以给予他写诗创作带来的快乐。就这样，他从文化公司抽身而出，完全沉浸在写诗的世界里。

岁月匆匆，转眼这位朋友四十几岁了，依旧孑身一人，日子过得虽不能说穷困潦倒，但也真的不宽裕。之前与人创业赚到的那些钱，已经花得差不多了，快要过不下去时，就去凑合找份工作，窘迫的生活稍有缓和，就又开始追寻他的诗集梦。

终于有一天，他兴奋地对外宣布，自己的第一本诗集终于要出版了。听起来有点儿大器晚成的意味，好像坚持了这么久，总算有

了回报。细打听才知道，他的诗集不是被某位伯乐相中了，而是自费出版。

我们无法评判他人的选择，毕竟每个人都有掌控自己人生的权利，只是透过个中现象忍不住感叹：不是所有苦苦的坚持都有意义，也不是凭借意志力就能换来想要的结局。如果从一开始就走错了方向，那么坚持得越久，很可能离目标就越远，甚至让一生成了蹉跎。

有些事情，如果自己不擅长，甚至是短板，就没必要苦苦坚持。非要逼迫自己去做，这样的坚持不是伟大，而是自讨苦吃。很多时候我在想：这位诗人朋友如此热爱诗集，而他自己也有一定的创作能力和鉴赏水平，如果他选择去做一个文学编辑，整合、筛选、出版一些有价值的诗词书籍，不也是把兴趣和事业联系起来了吗？在这个过程中，也许更能激发自己的创作灵感，提升自己的创作能力，也会慢慢训练出敏感的市场嗅觉，知道什么样的诗词更符合时代文化的潮流，更能赢得读者的喜爱。

在通往成功的路上，坚持是一个不可或缺的因素，但不是有了坚持就一定能成功。

我们都听过这样的论调："5 点起床的人生，简直是赚到了。"生活中，每天 5 点钟起床的人很多，真的成了人生赢家的又有多少呢？现实的情形往往是，很多人只是坚持早起，却没有把比别人早起的 2 个小时真正地利用起来。在床上多睡 2 个小时，和在房间里消磨 2 个小时，创造的价值都是“0”，这样的坚持就是无用功。

我们还听过这样的声音：“人生需要梦想，梦想需要坚持。”话说回来，如果理想不切实际，就像一个身高 160cm 的人非要努力成为 T 台模特一样荒诞，那努力和坚持有什么意义呢？

这就是很多人努力了很久，坚持了很久，却没有让生活变好的原因。像机器一样打卡，用假努力和毫无意义的坚持安慰自己，以为自己在努力地改变生活、创造未来，却看不到任何阶段性的成果，徒增无奈和沮丧。

励志的箴言有一定的合理性，但不能只看字面上的意义，还得理性思考其背后的一些逻辑。就像坚持一定会有结果，但不一定是好结果。如果你选择的是一条正确的路，所用的方法也是正确的，那么坚持就是日积月累的过程，就是有意义的。如果一开始目标就偏离了航道，却还执迷不悟地坚持，就等于在做无用功，甚至是无端地消耗自我，得不偿失。

# 别人的鸡汤，有可能是你的毒药

## ——成功经验不可一味照搬

你有没有过这样的经历和感触？

原本很喜欢某一个专业，立志上大学时要报考它，将来以它为事业，可周围的人却频频献计，说这个专业的就业前景不好，不少人都找不到合适的工作；就算找到了工作，也是既辛苦又赚不到什么钱……听到这里的时候，你犹豫了，并开始动摇。

原本你一个人过得挺好，有独立的住房和经济收入，平时跟朋友们聚聚会，假期出去旅行。不知不觉，就走到了三十几岁，父母和亲戚开始有意无意地“提醒”你，不能再一个人过下去了，人生需要有个伴儿，趁年轻再要一个孩子……过去的你丝毫没有因为年龄问题而焦虑过，可类似的话语听得多了，再看周围的同龄人都已成家生子，竟也不自觉地开始担忧“再过几年是否会成为高龄产妇”“过了四十岁是否就无法再生育”的问题。

原本你有一份很喜欢的工作，自己也能找寻到价值感，但就是太过忙碌，经常需要加班。见此情景，开始有人在你的耳边念叨：你条件挺好的，为何不考虑找个清闲点儿的事业单位呢？你看隔壁的某某，他现在的生活可比你轻松多了……你从来没有质疑过自己的选择，可当隔壁某某被拿来作参照物后，你的心就不那么笃定了，甚至在疲惫的那一刻也开始萌生“找个退路”的想法。

在这些“好言相劝”面前，你动摇了吗？妥协了吗？按照别人的剧本去生活，真的能体验到轻松、惬意、顺畅的人生吗？喝一碗别人的鸡汤，真的能治愈和强大我们自己吗？

抱歉，我不相信。

几年前，家里人也劝我去报考社区工作者，认为朝九晚五、双休日的生活，比做自由职业者要安稳，也不至于太辛苦。我承认，到居委会去做社工，五险一金，工作不太累，每月准时开支，在这个挤破脑袋都赚不到几个钱的时代，在这个拼命赚钱也赶不上 CPI 的时代，有一份踏实稳定的工作，是多少人梦寐以求的事。最好，

再借助公积金买个小房子，按部就班地过日子，有医保、退休金，不挺好吗？

可在我看来，**生活从来都不是完全照搬别人的经验，就能过上别人嘴里说的那种人生。**有人喜欢过踏踏实实的小日子，有份安稳的工作自然是不错的选择，但我太清楚自己的个性了，倔强、要强、不服输，喜欢在跳出舒适区的同时，去感受自我价值的提升。如果让我每天从事同样的事务性工作，要么觉得憋屈难受，要么在安逸中被“体制化”。

你知道，“体制化”就像《肖申克的救赎》里说的那样：“起初，你讨厌它，然后你逐渐地习惯它，足够的时间后你开始依赖它。”放出来的囚徒，面对充足的食物，可能会被撑死。失去食物太久了，胃已经对食物消化不良。人何止是会对食物消化不良，还有许多东西，比如自由、希望、理想、勇气、安逸等。就像卡夫卡说的那样：“人的一生就是在找一个笼子，找到之后，自己蹲进去，然后才会觉得这儿很安全。”

那不是我想要的人生。

生活不易，作为自由职业者，需要自己缴纳社保，需要自己寻找业务，偶尔还要加班加点地赶稿，甚至半年到一年才收到回款……

可我喜欢这种在路上的感觉，喜欢为了热爱之事义无反顾的自己，更喜欢在打拼中结识不同的人，获得难以言表的存在感。

我是不太轻易听劝的那种人，不想让别人的言论左右自己的选择，成为随大流的附庸。我选择了一条适合自己的路，走得很慢，但走得很稳。在这几年摸爬滚打的途中，也碰到过一些照搬他人成功经验的例子，结果都不太理想。

从“小白”的状态到现在的自由撰稿人，要感恩培养我的那家图书工作室。当时，工作室也刚刚成立不久，在和老板一起摸索的过程中，我的撰稿能力、策划能力，以及沟通和管理能力都得到了提升。与我一同进步的，还有另外两个同事，他们也是很有想法的人。

那两个同事知道，老板最初也是从撰稿起步的。于是，当他们有了一定的策划能力后，便先后离职了，也走上了开工作室的道路。他们觉得，只要有一定的资金维系，有稳定的合作对象，一样可以经营好自己的工作室。

时隔两年，这两个同事的工作室都没能顺利地经营下去，具体的原因我也不太清楚，只听说其中一个同事，还欠了不少债务。这样的结局，真的挺遗憾的，他们只看到了原来的老板开设工作室的一个前提条件——有撰稿的经验，却没看到她为了维系工作室，把自己的房子都卖掉了，而她的合作方能固定每个月给她一定量的业务和一些预付款。这样的资本、魄力和条件，不是每一个人都具备的，结果自然也就不一样。

这就跟一些漫画爱好者，看了励志漫画《对不起，我只过 1% 的生活》之后，励志要联合志同道合者，做一款自己的 APP，出同类别的鸡汤书，幻想着能跟那幅励志漫画里的主人公一样成功。可是，折腾了一通之后，不但没能打造出有影响力的产品，还跟友人闹得不欢而散。

读起来美味的鸡汤和他人的成功路径，都像是加了蜜的砒霜。你看到的全是美好，可真的喝下去了，却可能变成伤害自己的毒药。道理很简单：你是你，他是他，人家是人家。同样一种选择，对不同的人而言，对应着不同的结果。别人的人生只能做参照物，他人的经验也只能有选择性地汲取，**在适合自己的路上努力，才有可能换来自己想要的结局。**

# 全身心投入的人，没时间去矫情

## ——全然付出要进入“心流”状态

Alan 似乎有一点儿表演型人格的特质，每天的生活都要分享在朋友圈里。

05:30——“早起运动了，美丽需要用自律换得。”

07:30——“今日份早餐，生活要有仪式感（配图）。”

10:00——“忙到现在，连一口水还没有喝。”

14:00——“一大堆的文件要处理，估计又不能按时下班了。”

19:00——“饿得不行了，把资料带回家，继续夜战吧！”

几乎每天都会在 Alan 的朋友圈里看到类似的表述。每次跟朋友见面，她都忍不住要吐槽自己的忙碌状态，称自己就像陀螺。朋友一面劝说她要学会自我调节；另一面又夸赞她的人生过得充实。

Alan 挺享受这样的评价，她认为这就是对自我付出——“努力成为更好的人、过自己想要的生活”的见证，她也希望别人眼里的自己是一个有追求、有想法、很自律的人。

然而，努力与否不只要看过程，还要看结果。Alan 自认为的努力，实际上并没有让她拥有理想的身材，也没有让她薪资翻倍或晋升。她每天的“改变”，就是在朋友圈里所发的动态，而现实中的她，和一年前、两年前，并没有太大的差别。

为什么看似每分每秒都在付出，却没有迎来脱胎换骨的蜕变呢？说到底，这种努力依旧掺杂了太多“假”的成分，真正全身心投入一件事的话，无暇在做事的过程中发朋友圈，告诉别人自己做了什么，因为整个人都沉浸其中，进入到了“心流”状态。

所谓“心流”，是积极心理学奠基人米哈里契克森·米哈赖提出的一个经典心理学概念，指的是我们在做某件事情时，那种投入忘我的状态。仔细回忆一下，你有没有体验过米哈赖描述的状态：“你感觉自己完完全全在为这件事情本身而努力，就连自身也都因此而显得很遥远。时光飞逝，你觉得自己的每一个动作、想法都如行云流水一般发生、发展。你觉得自己全神贯注，所有的能力被发挥到极致。”

如果你有过这样的体验，你就会理解，为什么说 Alan 那样的努力根本不是在全然付出，而只是一种作秀。要让个人的生活质量、工作效率达到最大化和最优化，我们必须尽可能多地让自己全身心沉迷于自己所做的事情，并连贯顺畅地持续下去。

米哈赖在 2004 年的 TED 演讲《心流，幸福的秘诀》中，把人们对于“心流”的感受做了一个归纳，指出 7 个明显的特征。

特征 1：完全沉浸，全神贯注于自己正在做的事情中。

特征 2：感到喜悦，脱离日常现实，感受到喜悦的状态。

特征 3：内心清晰，知道接下来该做什么，怎样把它做得更好。

特征 4：力所能及，自己的技术和能力跟所做的事情完全匹配。

特征 5：宁静安详，没有任何私心杂念，进入到忘我的境地。

特征 6：时光飞逝，感受不到时间的存在，任它不知不觉地流逝。

特征 7：内在动力，沉浸在对所做之事的喜爱中，不追问结果。

如果一个人每天有大量时间发朋友圈展示自己的状态，可想而知，她有多长时间是真的沉浸在自己所做的事情中。对于这一点，

我自己也是深有体会的。

当我无法全神贯注地去写稿时，或是遇到一些棘手的问题时，我会不自觉地去翻看手机、刷微博，大脑处于游离的状态。偶尔，我也会发一张深夜加班的图片在朋友圈，但我知道那不过是在安慰自己，因为现实中的我正在拖延和焦虑中，烦躁不安。

当我认真地去琢磨一个选题，把所有的精力都放在一篇稿子上时，我会进入到“心流”的状态中，感觉时间已经不存在了，周围也安静极了，眼睛紧紧地盯着屏幕，手指在键盘上舞蹈，唯一看到的就是跃然在文档上的一行行字迹。整个过程是很流畅的，不会走神、不会停顿，完全是一气呵成。等整件事情完成后，深呼一口气，内心满满的成就感。

我很享受这种“心流”体验，但它总是可遇不可求。如果某一天，我非要强迫自己进入到“心流”状态，刻意去寻找，反而更不容易进入专注的状态，甚至还会惹得自己焦虑不安，产生挫败感。后来，我特意针对这方面的问题去学习，发现要进入“心流”状态，是需要前提条件的。

**条件 1：目标清晰**

我们先得清楚自己要做什么，有一个具体而明确的目标。这样的话，才不会胡子眉毛一把抓，让思想处于游离状态。以撰稿来说，我今天给自己设定的任务是，完成一本书的选题策划，撰写 2 篇和时间管理有关的文章。有了这个目标之后，我更容易撇开那些与目标无关的信息，清除杂念，把注意力集中在要做的事情上。

**条件 2：即时反馈**

在玩游戏时，人很容易进入“心流”状态，这是因为得到了即时反馈。每完成一局游戏，系统都会给你反馈，让你知道自己是输是赢、得到怎样的奖励，而这也是很多人选择继续玩下去的重要动力。

如果把这种模式转移到学习和工作中，也能收获莫大的驱动力，让自己更好地坚持下去。

几年前，刚刚入驻简书平台时，我几乎每周都会在平台上发表 1 ~ 2 篇文章。那些文章，大部分都是一气呵成的，甚至有的文章就是在快餐店、咖啡厅等朋友的时候写出来的。周围嘈杂的环境并未影响到我，整个人都沉浸其中，忘乎所以。

那段时间，在简书发文的动力，远超我对本职工作的青睐。虽然两者都是写文，但在简书发文能够得到即时的反馈，如签约作者的文章可以直接出现在首页，网友们的评论、点赞和打赏，对我都

是一种莫大的支持和鼓励。

**条件 3：挑战与技能匹配**

当我们的能力不足以完成一项任务时，就会感到焦虑；当我们的能力远超于任务所需时，就会感到无聊；当我们的能力与任务难度刚好匹配时，就有可能产生“心流”。

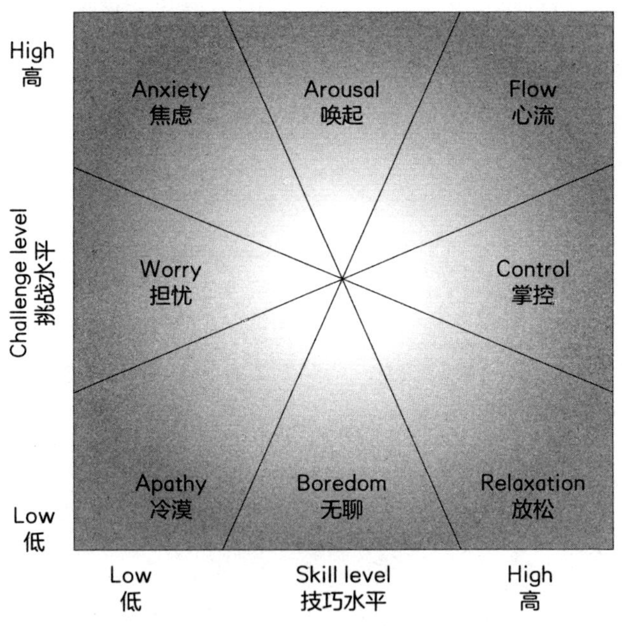


结合自己的经历，我总结出的规律是：在自身的能力和接到的任务挑战都处于中高水平时，更容易进入“心流”状态。如果一个

选题充满挑战，而我自身能力不足，为了打败焦虑感，我会努力去学习和了解这个领域的内容，提高能力应对挑战；如果一个选题比较简单，为了让自己重视起来，我会给自己设定新的高度，用更好的结构和写法来诠释。

优质的生活，不总是物质的享受；高效的产出，不总是延长工作时间。我们真正要去追求的，是更高层次的幸福体验。比如，工作的时候，全身心地投入，而不是用发朋友圈的方式去粉饰浪费时间的空虚感；休息的时候，尽可能找到自己能专注沉浸的爱好，享受真正的愉悦。在探索各种不同可能性的过程中，去发现更多面的自己，掌握更多的技能，在必须要做的事情中获得“心流”体验，让它们最终汇聚成一种掌控感。有了掌控感，才不会被生活推着走。

# Part 2 有些梦想实现不了，是因为没有目标

# 忙来忙去，为何一无所获

## ——没有目标的指引是瞎忙

刘易斯·卡罗尔的《爱丽丝漫游奇境记》里，有这样一段对话：

“请你告诉我，我该走哪条路？”爱丽丝问。

“那要看你想去哪里？”猫说。

“去哪儿无所谓。”爱丽丝说。

“那么走哪条路也就无所谓了。”猫说。

只是两句简短的对话，却道出了深刻的生活哲理。人生有无数个岔路口，每一种选择都对应着不同的结局，站在岔路口中间的人，掌握着自我命运的去向。有些人从一开始就想清楚了，到底哪条路适合自己，尽管也会碰到坎坷沟壑，但都能逐一克服；有些人完全是随性选择，走一步看一步，很可能碰了N多个死胡同之后，兜兜转转又回到原点。

姑娘T参加了一档求职栏目，希望能给自己谋一个好前程。走上场的她光鲜亮丽，衣装得体，给在场的嘉宾们留下了不错的第一印象。可是，当她介绍完自己以及过往的工作经历时，嘉宾们对她的满意度直线下降。

T说，她非常喜欢音乐，也算是一个人生理想了。不过，她没有条件和机会走专业的音乐道路，大学毕业后去了一家教育机构做负责招生的市场专员。两年之后，她跳槽到一家金融公司，虽然业绩不错，可心里总是惦念着那个音乐梦。结果，她又辞掉了金融公司的工作，去了云南丽江，在那边的酒吧里做驻唱。

现在，T做驻唱已经两年多了，虽然每天是在做着自己喜欢的事，可她也不免担忧未来：我能在这里唱多久？5年或10年？她开始觉得，“驻唱”恐怕不是一个长久之道。无意间，她看到了这档求职栏目，希望能够借助这个平台，帮自己求得一份踏实的工作。

听完她的讲述，在场的几位嘉宾表示，他们不太愿意接纳这样的员工。原因就是，不知道他们什么时候就不喜欢这份工作了，不知道他们什么时候又想去追寻梦想了，哪个企业都不希望辛苦

培养出来的员工，动不动就离职了，这样的员工会让管理者觉得不太“靠谱”。

出于对T的尊重，以及希望对她有更多的了解，在场的嘉宾要求T展示一下自己的音乐功底。没想到，这个把音乐视为人生理想的姑娘，唱得并不是很好。再让她当场推介一款产品，她说得毫无逻辑，最后弄得很是尴尬。

结果不言而喻，姑娘T悻悻地走下了求职舞台。她失败的原因有很多，但最主要的原因就是，她压根儿就没有想清楚自己想做什么。至于那个音乐梦，也只是一个隐隐约约的影子，并没有明确的目标。不知道自己该往哪儿走，又如何能找得到所谓正确的路呢？

10年前，在一家培训机构做市场专员时，我认识了同事M。

M的父亲跟单位的领导是朋友，让他到这边工作，就是想给他提供一个见习的机会。毕竟，M当时刚从马来西亚留学回来，家里希望他先“过渡”一下。在我们看来，这种“过渡”完全没意义，因为他掌握的那些技能，和我们的工作完全是“风马牛不相及”。

其实，M自身的条件还是不错的，有留学背景，英文也还不错，在计算机方面有一技之长，要是找一家对口的IT企业，肯定也不会太差。可这个男生似乎从小到大都很顺从家里，走什么样的道路都是家里人给定的，没有自己的想法。

M在单位待了半年左右，就被家里“召唤”回去了。在单位的半年里，他没有负责过开发市场、联络客户，就只是做一些杂事，录入信息、拍摄活动照片、上传资料等，没有得到任何实质性的锻炼。临走之际，同事们给他送行，问起回去后要做什么时，他略带腼腆地说：“还没有想好，最好能找个跟专业相关的吧！”

无论是那个在求职栏目上找工作的姑娘T，还是我曾经的同事M，他们的经历并不是个案，而更像是很多深陷迷茫中的挣扎者的缩影。他们的内心深处，可能也存活着一些目标，大致就是与“我喜欢……”“我的专业是……”相关，可又是模糊不清的。

T喜欢音乐，可音乐的范畴是很广的，到底是想专攻某一种乐器，还是希望做歌手？就算是歌手，也还有摇滚、流行、爵士、民谣之分呢。M的专业是计算机，将来究竟是想做程序员，还是想往UI设计方面发展，总得有一个具体的方向。

我身边的朋友中，肖哥是活得最通透的。说他通透，是因为从年少时代开始，他就知道自己想要什么。初一那年，他参加了一次去伦敦的夏令营，这次旅行让肖哥领略到了不同国度、不同文化的魅力，他暗下决心，将来一定要到英国留学。

这个目标激励着他，回国后他便开始努力学英语，高中上了私立的双语学校。到了大学报考志愿时，他选了 2+2 模式的高校，在国内读 2 年，再去英国读 2 年。当时，北京和哈尔滨各有一所符合他需求的高校，为了锻炼独立能力，他舍近求远去了哈尔滨。

大一下半学期，他就通过了雅思考试。大二过后，他踏上了去英国的求学之旅，完成了最初的那个心愿。不过，他没有放弃给自己设立新的目标：本科毕业后要继续就读船舶制造专业的研究生，将来学以致用，从事与之相关的工作。

研究生毕业那年，肖哥在英国找到了一份做海工设备的工作。不过，当时他的奶奶身患重病，为了陪伴亲人最后的时光，他毅然放弃那份工作，回到了北京。半年后，肖哥的奶奶离世，他调整好心情，再度朝着自己的目标进发。

这期间，英国石油公司给他发来邀请函，希望他申请亚太地区的岗位，但因为不是自己心仪的方向，他谢绝了。之后，他参加了吉宝集团和马士基集团的面试，并拿到了两个集团的 offer。肖哥有点儿犹豫，两个公司、两个岗位、两个不同的方向，该如何抉择呢？

为了有一个更清晰的思路，他找到一直有联系的英特马林公司的职业经理人，请他帮自己分析两条路的发展趋势，以及未来的定位。在排除各种干扰因素后，他选择了马士基集团，虽然吉宝集团开出的薪资待遇更高。

入职后，肖哥先在上海的分公司做了半年，之后就调到了丹麦哥本哈根总部。关于自己的这些经历，他写了好几篇博文，其中有一段分享很棒：**“做任何事都应当有一个目标，它就像一盏指路的明灯，为你在前行的路上节省不必要的纠结和犹豫，让你能更专心地去坚持做好一件事。”**

目标，就是站在当下去给未来的自己一个定位和期待。目标会指引我们去做内心一直渴望去做的事，会让我们把有限的资源和精力用在最有价值的事情上。清晰的目标会激发动力，不断地激励我们把心中所想变成现实。就像爱默生所说：“一直向着自己目标前进的人，整个世界都会为他让路。”

# 不是喊一句口号就能实现梦想

## ——杜绝假、大、空的目标

大海里的航船，必须要知道靠岸的码头在哪儿，要知道哪个方向的风对我们来说是顺风。做人也如是，有目标才不会迷茫，才能给行为设定明确的方向。有了目标，才能知道自己要做的事哪件重要，哪件不重要，才能检讨自己的行为哪个该保留，哪个该改正。

新年来临之际，Y 小姐给自己立下了“七字箴言”：变瘦、变美、变有钱。大概每一个姑娘都有这样的心愿和目标吧，希望自己越活越有少女感，不被岁月这把杀猪刀伤害，靠自己的努力赚更多的钱，给自己满满的安全感。

Y 小姐的“七字箴言”听起来是很励志的，完全符合现代女性的独立宣言。然而，时间匆匆，似乎还没来得及去努力，转眼一年又成了过往。亲爱的 Y 小姐，依旧带着 120+ 的体重，依旧拿着和去年一样的薪资，那个“变瘦、变美、变有钱”的想法，又被顺理成章地推到了下一年。

像 Y 小姐这样的人并不少见，他们内心也有想法和目标，却终究没能阔步迈进，抵达想去的终点。说起理由，无外乎是“没那么多时间”“精力不够用”“没合适的机会”，诸如此类。然而，这些理由真的是导致目标没能实现的原因吗？

某财经记者曾问美国财务顾问协会的总裁刘易斯 · 沃克：“是什么导致人们无法成功？”

沃克是这样说的：“模糊不清的目标！我在几分钟前问过你，你的目标是什么。你说，希望有一天能拥有一栋山上的小屋，这就是一个模糊不清的目标。因为‘有一天’不够明确，这种不明确就降低了成功的概率。”

记者又问：“怎样才算是明确的目标呢？”

沃克解释道：“如果你真的希望在山上买一栋小屋，你要先找到那座山，我告诉你那栋小屋的价值，然后考虑通货膨胀，算出 5 年后这栋小屋值多少钱；然后，你必须决定，为了实现这一目标你每个月要存多少钱。如果你真的这么做，可能在不久的将来你就能拥有一栋山上的小屋。如果你只是说说，梦想就可能不会实现。梦想是愉快的，但若没有配合实际行动的计划，那就会变成妄想。”

这才是真正的原因！以Y小姐为例，她许下的心愿是——变瘦、变美、变有钱。试问：变瘦和变美的标准是什么？变有钱要用什么来衡量？一切都是模糊的、空泛的，只是一个笼统的概念。这样的心愿，充其量就是一个愿景，根本算不上是目标。

想让自己有看得见的改变和进步，就要拒绝那些假、大、空的目标，千万别再用“我要变漂亮”“我要变有钱”“我要去旅行”来蒙蔽自己。

一个真正靠谱的、有望实现的目标，应该是什么样的呢？

**·有长期性，不能一蹴而就**

任何成功都要经历一个漫长的过程，中途会遭遇各种各样的阻碍和困难。如果没有长期的目标，任何一个暂时性的困难都有可能把我们打垮。长期的目标会让我们更加理性，并且清楚地认识到不可能一次性就把所有问题都解决掉，而是要在坚持中养成一种习惯，逐步向目标靠近。

**· 有特定性，不是泛泛而谈**

设定目标的重点在于，把我们的期望集中在一个特定的目的上，比如“我要在市中心买一套70平方米的房子”“我要在3年内达到同声翻译的水平”；而不是“我要买一栋小房子”“我要一份高收入的工作”，后面这些目标都过于笼统。

**· 要具体化，越详细越好**

这是对特定性的一种延伸，让目标变得更为具体化。

比如，你的目标是要成为一名同声翻译，那你就得根据自己目前的英语水平制订一份学习计划，这个过程预计要几年时间；每年要达到什么样的水平；这一阶段的目标是什么；具体到每天应该背多少单词，听多久的听力。有了这些非常具体的小计划，目标才更容易实现。

**· 目标要远大，激发创造性**

**有什么样的目标，就有什么样的人生。**高远的目标能够激发大脑的创造性，给我们一种使命感和责任感，让我们对成功产生更为深刻的理解。当我们的目标足够远大时，无论遇到什么样的困难，都更容易保持积极向上的态度，发挥出内在的潜能。

**· 目标要务实，适应自身情况**

设定目标时一定要考虑自身的天赋和才能，问问自己：我最喜欢什么？我最擅长什么？我有什么不同于其他人的经历？我有什么特别的经验？我的需求是什么？我最大的人生理想是什么？我做过最有价值的事是什么？

搞清楚了这些问题，就能找到自己的目标了。当然，这个目标不是固定不变的，可能一年或是几年后，你的想法又改变了；也有可能，你当时制定的目标，在未来的几年、几十年里，所依据的现实条件发生了意想不到的变化。这样的情况，在现实中也是经常会碰到的。

当初高考填报志愿时，很多人都直奔着计算机专业去了，说这是热门行业，绝对有前途。可毕业之后才发现遍地都是计算机人才，除非你特别专业，否则还不如其他专业的学生吃香。现代社会的高校毕业生，无论主修哪个专业，大都懂得计算机的基本操作。有的人认死理，就死守着这行，拖拖拉拉找不到工作，在“毕业就失业”的漩涡里挣扎；而有的人干脆转了行，做了其他工作，拿计算机专业知识作为辅助，反倒小有成就。

**这世上唯一不变的就是变化。**外界环境在变，实现目标的过程中随时会出现意外，我们不能原地踏步，要学会立刻做出反应，调整自己来适应变化。那么，如何保证让自己的目标不中断，不被无限地拖延下去呢？这里有五项基本原则：

**·修正计划，而非修正目标**

英国有句谚语说得好："目标刻在石头上，计划写在沙滩上。"这就是说，目标制定好了，不要反复地修改，这个习惯很可能会让你做事有头没尾，一事无成。但是，实现目标的计划可以根据情况随时调整，正所谓条条大路通罗马。在一条路上遇到了太多阻碍、行不通的时候，不妨换一条路来走。

**·修正达成目标的时间**

要克服拖延，自然是尽可能按照限定时间来完成任务。但如果中途出现了意外，增加了工作量，那不妨适当地给自己一个宽限。需要注意的是，不能太过放纵，倘若时间太过宽裕的话，也有可能因为心理上的松懈，导致惰性心理的出现，诱发拖延。

**·修正目标的量**

其实，走到这一步，已经是在压缩最初的目标了。很多人年少时梦想着做画家、医生，可随着年龄的增长，就开始不断地压缩梦想，从画家变成设计师，从医生变成护士。等真的长大了，这些梦想已

经被压缩成“我要考个差不多的学校，找个差不多的工作”。于是，从前的梦想全都被压缩没了，从胸怀大志变成了胸无大志。

所以，不到万不得已，最好不做这个决定，不要用压缩梦想的方式来适应残酷的现实。我们要做的，是不惜一切代价，努力寻找新的方法去改变现实，实现既定的目标。

**·坦然地放弃目标**

对于任何一个渴望成功的人来说，放弃都是一件残酷的事。因为放弃了，就意味着失败了。然而，对于真正的成功者来说，这个世界没有失败，只是暂时还没成功。只要不服输，成功总有一天会到来。

**·重新面对新目标**

当重新面对新的目标时，最好不要重复上面的过程，应该永远重复“第一步”：修正计划，修正计划，再修正计划，直到成功。

# 最大的谎言就是“等我……”

## ——任何目标都需要“deadline”

春节期间，与而立之年的学妹闲聊，谈起了个人理想的话题。

我问学妹：“有没有最想做的事情？”

学妹说：“挺多的呢！可最主要的有两个，一是开一家公司，告别打工的日子；二是给爸爸买一辆车，让他带着妈妈去旅行。”

听起来真是蛮有想法的，但细推敲的话，却发现里面藏着不少问题。

“你想开一家什么样的公司啊？有准备了吗？预计需要几年的时间？”

“就开一家中等规模的旅游公司吧！公司太小没什么收益，太

大了我又没有那么多的时间和精力。至于期限嘛，我现在说不好，不确定因素太多了，总之努力吧！”

“那你打算送爸爸一辆什么车？什么时候送呀？”

“送一辆越野车吧，就是能适应多种路况的那种。不过得等我开了公司以后，才能有机会给爸爸买。”

“嗯。”我以这样的一个字，让那个话题告一段落。可是，我的脑子却没有停滞，依然在思考着学妹的想法。她很想开公司，却没有给自己设定年限；她还做了假设：如果开了公司，送爸爸一辆车，他就能带着妈妈到处旅行，可爸爸到底哪一年才能开上车呢？明年、后年，还是5年以后？她开了公司之后，是不是父母就能自驾旅行了呢？为了这个目标，她现在需要做什么准备？一切都是未知数。

生活中的很多人，不是没有理想，也不是没在努力，那些听起来还不错的目标，总是以一句“等我……”存在着。我想说，这真的是一个莫大的谎言，自欺欺人。

目标管理中有一个“SMART”原则，即目标必须是——明确的、可衡量的、可实现的、有相关性的、有时限的。以我的学妹为例，她的目标显然就不太符合标准，假、大、空且不用说，连一个固定

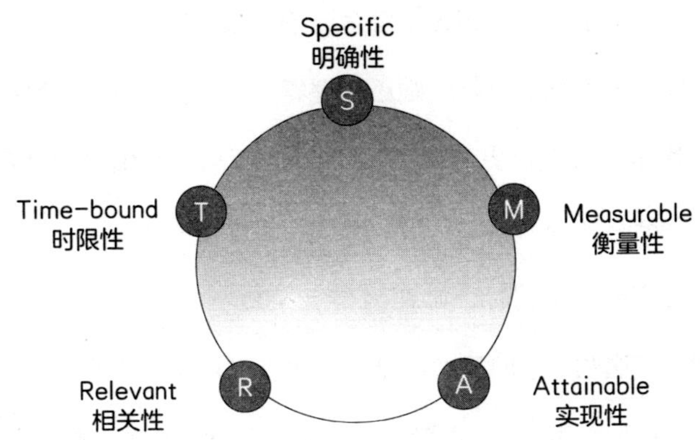


的时限都没有。

任何目标的实现，都需要一个限定期限，也就是我们常说的“deadline”。如果不制定期限的话，心中就没有“deadline”越来越近的紧迫感，目标很可能会一直被停放在远处，而自己却拖拖拉拉不肯行动，并摆出一系列的理由：“反正时间还多呢”“时机还不太成熟”“我还需要再考虑一些东西”……这一思考，可能就到了多年以后。

**很多事情，完成比完美更重要。**不给自己定期限的话，目标永远都是“待实现”，都只是一个理论上的状态，等同于空想。无论大事小事，如果能主动给自己设置一个 deadline，反而更容易激发潜能，让自己高效地去完成目标。

K 姐在国企上班，和先生育有一子。除了要保证完成分内的工作、陪伴和教育孩子以外，她还打理着一个原创公众号。她给自己定的目标是，每天日更 2000 字，发表一篇与育儿相关的文章，下午 6 点钟准时发送。

为了完成这个目标，她每天早上 5:00 ~ 7:00 是雷打不动的写作时间。在这两个小时里，她把自己关在书房里，不看手机、不刷网页，就专注地写作。文章写完后，预设好发表的时间，再准备早餐、送孩子、上班。

她之所以把时间安排在早上，是因为这件事对她而言很重要，把这个重要的事情搞定后，她就能安心地去上班了，不必再惦记着发文的事，工作也能更专注。原本是下午 6 点钟要发表文章，把这个 deadline 提前几个小时，期间还有修改、调整的余地，更加从容。

K 姐所做的事，看似很不起眼，但如果仔细分析会发现，她在日复一日地坚持中，完成了一个大目标。现在，她的公众号粉丝已近 5W 人，而这个目标是她两年前制定的，作为普通的个人号运营者，这个目标还是有一定挑战性的。两年，是她给自己设置的 deadline，但这两年该怎样利用呢？她又给每天的目标设置了一个

deadline，就是早上 7:00 之前完成日更的文章。

如果没有 5W 粉丝的目标，也没有为实现这个目标而设定的两年期限，K 姐也许难以保证日日更新。即便是有日更的打算，若没有早晨 7:00 钟之前完成文章的最后期限，也可能会忍不住犯懒，从日更一文，变成周更一文，再变成月更一文。这样的例子，在自媒体运营的个人号中，是很常见的。

实现目标有很多需要思考的问题，如：我最大的目标是什么？要多久才能够实现？在实现目标的途中，有多少可预见的困难？我要提前做好哪些准备？从现在起，我要做哪些事情？如何分配时间？如果到了预定的时间，还没有实现目标，需要多久来调整状态？

这些问题不能不去想，也不能只是想一想就完，而是要把它记在心里，提醒自己时刻保持清醒的状态，而不是稀里糊涂地努力。金钱是可以赚取的，物资是可以生产的，唯独时间租不到、借不来，也买不着。我们要自觉地给自己的目标定一个期限，为自己树立危机感和紧迫感，减少“等我……”的借口，早一点付诸实际行动。

# 目标高大上，现实矮丑矬

## ——目标需要具象化分级

2018年，我实现了一个“疯狂”的目标挑战：每天早晨5:00起床，ZZ完成天数＞270天。

也许，对很多需要早起搭乘头班车的人来说，这是习以为常的事。可对于不需要坐班的我来说，却并不太容易达成。之前，我都是早上7:30左右起床，收拾整理加上吃早饭，一个小时左右，8:30正式开始工作。

一下子要把起床的时间提前2个半小时，就如多数人一样，我也上演了一场自我的内战。

闹铃响起时，负责道德律和自我理想的“超我”说：“你该起床了，要运动和听书，不能睡懒觉。这样不自律，什么事也做不成！”只愿享乐而厌恶痛苦的“本我”，在心里默念：“真的好困，还想再睡一会儿，明天再开始早起计划得了！”

这样的情况，在最初的一周里，反反复复上演。算了一下，在那一周里，我顺利早起了3次，有4次都被趋乐避苦的本能打败了。我意识到，靠这样的方式来完成目标，不太现实。为了调节“超我”和“本我”的内战，现实中的我，调整了一下计划。

我不再强迫自己从一开始就5:00钟起床，而是允许自己有一个循序渐进的过程。

Day1—Day3：7:20起床

Day4—Day6：7:00起床

Day7—Day10：6:40起床

Day11—Day13：6:20起床

Day14—Day16：6:00起床

Day17—Day20：5:40起床

Day21—Day23：5:20起床

Day24—Day26：5:00起床

很多事情都是这样，逐渐发生的变化，不容易被人感觉到；突然的巨大变化，则很容易让人受不了。调整了计划之后，我花费了不到一个月的时间，就顺利地适应了早起的节奏，也没有感到特别痛苦。毕竟，每一次调整都有 3 天的适应期，且每次提前的时间也只有 20 分钟，执行起来难度不大。

调整早起时间这件事，也给了我一些启迪：很多时候，我们觉得目标太遥远，是因为把它看得太大了。如果把它分解成一个个小目标，做起来一点儿也不难。等小目标都做完了，大目标也就实现了。就如歌德所言：**“向着某一天终要达到的那个目标迈步还不够，还要把每一步骤看成目标，使它作为步骤而起作用。”**

悠悠和 L 都是我的大学同学，不同的是，一个超文艺，一个超理性。那会儿，大家谈起各自的理想时，悠悠就说：“如果有机会的话，将来我想开一间咖啡馆。”L 却说：“我现在的想法，就是 4 年后到美国读心理学。”

L 曾经问她：“开一间咖啡馆大概需要多少钱？要开在什么地方？”这些问题，悠悠从来没有真正思考过，她有的只是一个美丽的梦。L 喜欢心理学，在大学 4 年里，他攻读了第二学位（心理学），每周末都到新东方上课，努力攻读英语，为考托福和 GRE 做准备。

大学的日子很快结束了。毕业之后，悠悠去了一家广告公司做文案，开咖啡馆的想法在日复一日的文案打磨中渐渐淡了。L 过五关斩六将，终于拿到了 offer，到美国一所知名大学攻读 PHD。

梦想没有贵贱之分，也无法比较，可通往梦想的路，却是依靠着一个又一个目标堆砌起来的。我曾经听到很多人说起过开咖啡馆的梦想，后来我读到一篇文章，名字就叫《你真的是想要一间咖啡馆吗》，读后深有感触。文章里有这样一段话——

如果你问他：那你打算什么时候开咖啡馆？你打算在哪里开你的咖啡馆？你最想去的地方是哪里？这些都是没有明晰答案的。我们总是相信生活在别处，将来梦想中的生活一定会更美好，可是其实我们什么都没有做过。

如果咖啡馆是你想要的生活，那么你就需要勇气把一间咖啡馆做到从无到有，有勇气面对一开始的惨淡流水，有勇气面对每天的房租、水电、员工管理，直到最终这间咖啡馆散发着你精心维护的独特气质，吸引着与你趣味相投的一群人，但这一点都不简单。

…… ……

咖啡馆就像一个释放人生理想的平台，美丽着、温暖着，令人向往，向往着要开咖啡馆的人生往往拐了很多弯，却始终没有到达

这一站。人生啊，去向了别的地方。

我的大学同学悠悠，俨然已经去了别的方向，从开咖啡馆走到了广告公司，很可能还要一直走下去。现在看来，当初她说的“开一间咖啡馆”根本不是目标，只是逃避现实的一种憧憬。如果真的打算将此列为今生的一大目标，那么从现在开始，就得像 L 一样，把实现目标的过程分解，切实完成每一步的小目标。

至于如何分解目标，最常用的就是“剥洋葱法”和“多叉树法”。

· 剥洋葱法

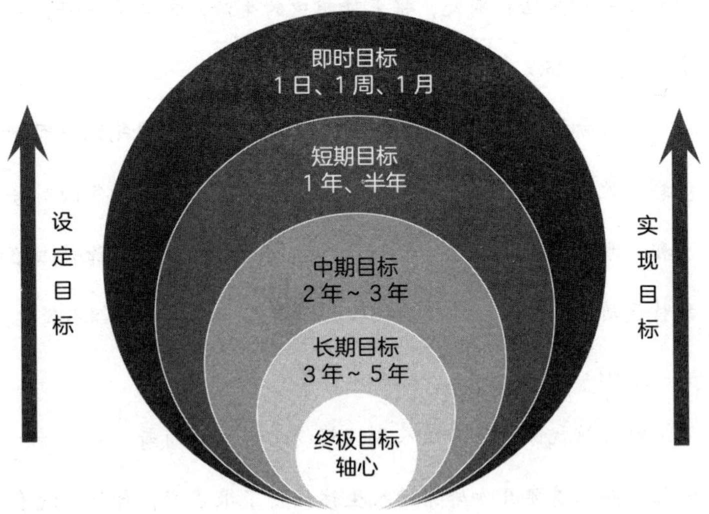

剥洋葱法，就相当于把目标视为一个完整的洋葱，一层一层地剥下去，把大目标分解成若干个小目标，再把这些小目标分解成更小的目标，直到具体到此时此刻做什么。实现目标的过程，是循序渐进的，从低级到高级，从现在到将来，从小到大。

我在调整早起时间时所用的方法，就是剥洋葱法。把提前2个半小时起床的大目标，分解成了8个阶段性目标——每个小目标是提前20分钟起床，执行天数是3天。事实证明，顺利完成这些小目标并不太困难，而这种达成目标的喜悦感又给我增添了动力，让我看到自己在朝着目标靠近，信心越来越足。

· 多叉树法

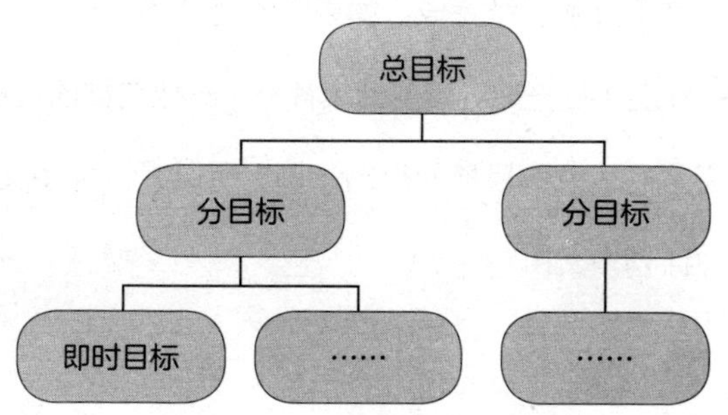


多叉树法，从字面意思理解便知，就是一棵大树有若干个分枝，每个分枝上还有更小的树枝，树枝上还会有更小的树枝，一直到叶

子。我们的大目标就如同树干，每一级小的目标就相当于每个树枝，我们此时要做的事，就是树上的叶子。

我们可以先写下自己的大目标，思考一下实现这个目标的条件是什么？接着，把实现目标的必要条件和充分条件都列出来。这些条件，就是达成大目标之前先要完成的小目标。然后，再思考实现这些小目标的条件是什么？继续列出达成每一个小目标的充要条件。如此类推，直到画出所有的树叶，就算完成了这个目标的多叉树分解。

从叶子到树枝，再到树干，不断地问自己：如果这些小目标都能实现，大目标一定会实现吗？当你能够从容自信地回答“是”的时候，表示这个分解已经完成。如果回答是“不一定”，那就证明所列出的条件还不够充分，需要继续补充。一棵完整的目标多叉树，就是一套完整的达成该目标的行动计划。所以，目标多叉树，也被人称之为“计划多叉树”。

# 精力很有限，且行且珍惜

## ——时刻瞄准核心目标

现实中，有不少人都在“用力”地生活着。

说他们“用力”，是因为他们太过上进，从来没有想过得过且过地混日子，每天都在不间断地学习各种知识，生怕被社会淘汰：今天去听成功学讲座；明天参加社群演讲活动；后天又花钱报各类技能培训班。实在没有时间出门，就在各种 APP 上购买阅读权限，试图多看点书，多学点东西。

可即便如此，他们却并没有因为四处学习而拥有多么傲人的成就，依旧每天挤着公交地铁，拿着刚刚能够养活自己的薪水，望着一个不知明天在哪儿的未来。

说实话，他们的“用力”有点儿令人心疼，但也值得反思：为什么整天想着学习和进步，却一直没有长进呢？反观有些人，看似没什么特别远大的志向，就是本分地把手里的活做好，最后却换得了不错的结局，两者的差距在哪儿呢？

不知道大家有没有留意过一个现象：太阳普照着万物，可任它再怎么发光发热，也无法点燃地上的柴火；如果拿着一面小小的凸透镜，只要让一小束阳光长时间地聚集在某个点上，即使在最寒冷的冬天，也能把柴火点燃。

这就是刚刚那个问题的答案：再强大的力量被分散在诸多方面，也会变得丝毫不起眼；再微弱的能量集中在一起，也能创造意想不到的奇迹。

在知识过剩的环境里，如果没有方向和目标，无法聚焦在一个点上。所学的东西都是多个领域的常识，而这些常识是无法成为个人优势的。如果有了目标和方向，情况就不同了。我们会有选择性地对知识和信息进行“过滤”，只吸收那些对实现目标有帮助的内容。

人的精力是有限的，什么都想做的话，往往什么都做不好。学得太多、太杂，最后也就落得个凡事都“略知皮毛”的结果。很多时候，**决定不做什么跟决定做什么同样重要。**现在，很多人都在用iPhone，是苹果品牌的忠实粉丝。如果认真解读并研究“苹果”的话，你就发现一个事实：苹果的核心不是“创新”，而是“专注”。至于最后的创新，不过是专注到了他人难以企及的程度罢了。

乔布斯认为，专注是一种能力，也是一种心态。他说：“拥有专注力将改变你的人生。人们认为专注就是要对自己所专注的东西说 yes，但恰恰相反，专注意味着要对上百个好点子说 no，因为我们要仔细挑选。这就是我的秘诀——专注和简单。简单比复杂更难：你必须费尽心思，让你的思想更单纯，让你的产品更简单。但是这么做最后很有价值，因为一旦实现了目标，你就可以撼动大山。”

2019 年春节前夕，我和一位熟识的姐姐，聊起了拓展事业的问题。

这个姐姐原本是做二手车生意的，这两年开始兼职做保险业务。她是一个很实在的人，又是一个很有营销思维的人，在为客户介绍产品时，会紧紧围绕客户的需求，结合客户的实际情况，为其推荐适合的产品。我的两份商业保险，都是从她那边买的。

近两年，接连看到身边的人患重疾的事例，我也对保险行业有了更深刻的认识。对普通家庭来说，能用支付得起的少部分金钱去转移扛不动的风险，是绝对理性的选择。因而，我也想过让一些对保险有偏见的人，重新认识到它的重要性和必要性。

姐姐曾建议我和她一起做，既能锻炼自己，也能额外增加一份收入。我当时很动心，也希望通过这个平台拓展自己的能力。我还约了姐姐年后见面详谈。

春节过后，我的一位合作客户向我谈起：年后准备多给我一些业务，鉴于我一直“单枪匹马”地作战，建议我找一两个帮手，组建一个工作室。其实，之前我也有过这样的想法，只是自由惯了，只想顾好自己，就没有着手去做。现在，事态催着我去走这一步，也是为了将来有更好的发展，我不该拒绝。

考虑再三，我决定放弃和姐姐一起做保险的打算，专心做我的工作室。原因有两点：其一，做保险要对自己的客户负责，我无法保证自己能够在那个行业里一直做下去，如果我离开了，很可能会伤害到我的客户，让他们感到“不安”，这是我不想看到的。其二，无论我做不做保险，我都不可能放弃现在的撰稿工作，在这方面不断拓展是我的长期目标。撰稿是一项耗费脑力和体力的工作，如果每周还要去保险公司打卡和培训，我担心自己吃不消。

人生就是不断地选择和放弃。当我意识到，我的精力和体力不足以支撑两份相隔甚远的职业时，我果断选择了瞄准核心目标，继续我的写作生涯。不然的话，我可能两份工作都做不好，毕竟身体是不会说谎的，心有余而力不足的痛苦，不是靠意志力能够解决的。

每个人在生活和工作中，都可能会遇到类似的“诱惑”，以至于站在选择的岔路口纠结犹豫。所以，我们需要一个明确的核心目标，最好是一个长期的、能够发展成事业的目标，在面临选择的时候，如果这个选择与我们的核心目标相关，可以将其纳入计划列表；如果它与核心目标毫无关系，甚至会占据我们一大部分的精力和体力，影响核心目标的完成，这时就要思量值不值了。毕竟，朝三暮四是很辛苦的，唯有专注于一个目标，付出有效的努力，才更容易实现目标，缔造出自己的神话。

退一步说，如果你目前还没有找到自己的核心目标，那就把手边的这件事做到极致。有了做到极致这个标杆，你就会知道自己该学什么、该做什么、该思考什么。哪怕将来你不再做这件事，但这个过程一定会让你受益终生。

# 确认了目标，还得规划路线

## ——有计划才不会一团乱麻

歌德有一句忠告：“匆忙出门，慌忙上马，只能一事无成。”

精悍短小的话语里，隐藏着深奥的学问，他强调的是计划的重要性。对于繁杂且毫无头绪的事，我们往往会无从下手，并因此降低行动力。如果选择走一步算一步，又很容易导致无秩序、无效率的结局。

当你发现，自己在工作上已经足够勤奋，每天加班加点，可时间和精力还是不够用，且难以达到预期的效果时，就要静心梳理一下，自己所做的事有多少是盲目和无序的。制定明确的目标很重要，但仅有目标是远远不够的，还得有合理的计划和切实的行动，这三者共同作用才可能实现目标。

什么样的计划才算是合理的呢？它至少要能够回答如下问题：在未来的N年内实现什么样的目标？在未来的N年内赚到多少钱，或达到何种程度的赚钱能力？在未来的N年内拥有什么样的生活方式？这些问题的答案，会给我们提供一份短期目标的清单。

男孩D的目标是在10年内成为地区销售总监，据自身的情况而言，他需要从公司的基层做起。所以，他给自己制定了一个详细的路线，且设定了期限：

**Step1：销售助理，年薪5万元，预计时间1年。**

1个月的目标：顺利完成培训课程，每晚练习销售报告的撰写。

6个月的目标：超过销售定额的5%，途径是搞一个连续性的直销活动。

12个月的目标：晋升为销售代表，为客户提供出色的服务。

**Step2：销售代表，年薪7万元，预计时间1年。**

1个月的目标：顺利完成训练课程，像经营自己的事业一样经营业务范围。

3个月的目标：了解所有的销售产品，制订事业计划。

6个月的目标：在分店里找一位老师或教练，帮助自己提升销售技能。

12个月的目标：充分利用分店资源，超过公司销售定额的10%。

**Step3：营销代表，年薪9万元，预计时间2年。**

1个月的目标：超过销售定额的15%。

8个月的目标：参加外部培训课程，了解客户的工业需求，力求成为产业专家。

16个月的目标：培养领导和管理技能，成为有能力的团队领导。

24个月的目标：获得卓越营销奖，超过销售定额的20%。

**Step4：咨询代表，年薪12万元，预计时间1年。**

1个月的目标：完成商业计划，制定营销定额，管理新领域。

3个月的目标：提升谈判与沟通技能，确定作为分店领导的地位。

6个月的目标：提升产品销售技能、商业管理技能，学习企业财务方面的知识。

12个月的目标：扩大销售区域，向大客户群销售更多高端产品，争取业绩超过营销定额的10%。

**Step5：地区代表，年薪 15 万元，预计时间 1 年。**

1 个月的目标：学习作为一个地区代表应当具备的商业管理基本知识。

3 个月的目标：阅读所有的行销计划，确定出需要执行的计划，协助本地区、各分店和销售代表完成营销定额。

6 个月的目标：引进一种可以让业绩翻倍的新营销计划。

12 个月的目标：达成所有目标，实现晋升为营销经理的目标。

**Step6：营销经理，年薪 20 万元，预计时间 2 年。**

1 个月的目标：认识团队中所有的成员，了解各个人的技能、需求和职业目标。

6 个月的目标：有一份可靠的商业计划，了解各团队、各部门如何制定营销定额。

12 个月的目标：营销额翻倍，开支削减，在本地区的各项商业评估中力争前茅。

24 个月的目标：超过营销定额的 30%，在各项评估中领先其他经理人。

**Step7：地区销售总监，年薪 30 万元，实现终极目标。**

显而易见，这是一份非常详尽且可行的计划书。按照这样的计

划来走，从短期到长期，每一个阶段要做什么、达到什么样的结果，都是一目了然的。有了这样一份计划书，D 可以更有针对性地去做事，可以减少重复，从而充分而有效地利用时间。

实际上，时间管理大师博恩·崔西早就提出过一个 10/90 法则，指的是：如果你在工作前花 10% 的时间用于制订计划，在工作过程中将节约 90% 的时间。时间是有限的，每天 24 小时，对任何人都没有特别的优待。如何在有限的时间内，获得高效的产出，就看个人如何支配时间，而时间的有效利用绝对离不开清晰的工作计划。

《礼记·中庸》中有一句话："凡事预则立，不预则废。"无论做什么事，事先有计划、有准备，才更容易成功。这是古人总结的智慧，对于现代的我们而言同样适用。虽然我们无法保证可以百分之百地按照计划去执行，但至少它为我们提供了做事的架构、方向和优先顺序，避免了盲目冲动行事。如果说目标是列车的终点站，那么合理的计划就是轨道，有了轨道，列车才能安全、快速地前行。

# Part 3

## 努力与短板死磕，不如尽情与优势相爱

# 努力很重要，找对位置更重要

## ——找到自己的正确定位

行走在职场中，人好比是“脚”，位置好比是“鞋”，虽然漫长的职场路要靠“脚”来走，可选择什么样的路、在路上能走多远、走路时的心情好坏，都与“鞋”息息相关。选对“鞋”，找准位置，才能自信从容，健步如飞，越走越远。

YOYO去年在校园招聘会上被一家私企录用，在客户部做职员。与她一同入职的，还有同系的一个校友。进入公司后，YOYO很努力，不管分配给她什么任务，她都竭尽全力去做。她一直觉得，只要自己认真做，肯定会得到领导的认可。

和YOYO一同入职的校友，做事也很认真，但这个女孩子性格外向，擅长与人打交道，一心想在营销方面有所发展。就这样，两个同龄、同起点的女孩，都在各自的岗位上努力着。日子就这样一天天过着，起初没什么大的不同，可 2 年之后，彼此间的差距就拉开了。

做事认真的 YOYO，依旧是客户部的普通职员，只是连续 2 年都被评上了优秀员工，多拿了点奖金。她没有想过调职，也没有考虑过自己的职业路径，依旧像最初那样，秉持着靠认真的态度博得领导的赏识的原则，服从公司的安排。而她的那位校友，却已经成了营销部的精英，先后给公司拿到了三笔大订单，领导正准备晋升她为营销一组的主管。

人的嫉妒心很奇妙，换成是不相干的人，做出不错的业绩，总能大度地给予一些称赞。若是自己身边熟悉的人，原来的起点都一样，忽然之间赶超了自己很多，心里往往会不舒服。YOYO 心里很不服气，甚至还有点儿委屈，认为校友完全就是靠圆滑世故的一张嘴爬上去的。

后来，YOYO 把自己的不甘跟同部门一位即将离职的姐姐说了。对方有能力、有经验，离职之后准备自主创业，YOYO 想从她这里得到一些安慰和建议。那位姐姐诚恳地跟 YOYO 说："我

知道你是一个要强的女孩，但你没有给自己一个清晰的定位，做了很多无用功。她（校友）跟你最大的不同就在于，她找到了自己的位置，知道自己擅长什么，在哪儿努力更容易出成绩。所以，她才走在了你前面。你得找到适合自己的位置，让领导看到你的价值，他才能给你想要的东西。”

没有任何一个错误定位自己的人能够逃脱平庸的命运，也没有任何一个清晰定位自己的人会成为平庸之辈。在人生这个大舞台上，每个人都在尽情地演绎着自己的角色，不是非要演主角才能被人记住，把那个适合自己的角色演绎到极致，就是成功。

在美国留学的L，跟我讲过这样一件事。

去年圣诞节前夕，他打车到朋友家参加聚会，司机长着一头金色的头发，衣着也不起眼，可给人的感觉却很精神。为了消除路途中的烦闷，朋友跟司机聊了起来，没想到司机很健谈，竟讲起了自己的人生经历。

司机年轻时热爱篮球运动，甚至想过进NBA，后来他发现，自己根本不是打篮球的料。随后，他就进入一家大公司上班，虽然工作中的表现不错，可因为性格自由散漫，难以忍受公司里条条框框的制度约束，就辞职了。再后来，他在朋友的鼓动下开始投资餐饮业，散漫的他在管理上大大咧咧，最后导致餐馆失火，所有努力都化成了灰烬。不甘心的他，在家人的帮助下又开始经商，可商场里的尔虞我诈他根本应付不来，折腾了一圈后，他把那些产业交给有从商经验的亲人打理，自己又开起了出租车。

朋友本来替司机感到惋惜，可司机却耸耸肩，说："经过这么多事，我才知道，最适合我的位置，可能就是司机。我性格散漫，喜欢开车四处乱跑，这种自由是任何人都无法体会的。"就是这番话，让朋友大受启发。事后，他跟我说："在这个世界上，每个人都有自己的位置。很多时候，不是位置越高越好，而是适合自己的才最好。"

明确自身的定位，认清自己适合什么位置，不仅是一种理性的思考，更是一种规划的能力。对个人来说，就如同给自己圈定了一个范围，精准而有效地去提升自我，而不至于不知所向，跌跌撞撞。当然，要找到适合自己的位置并不容易，环境的限制、变数的捉弄，都可能阻碍我们走向这个位置。

那么，如何确定一个位置是否适合自己呢？它至少应当符合 3 个条件：

**条件 1：有强烈的兴趣，即便没有薪水也愿意去做。**

读高中的时候，我就很喜欢写作，这个兴趣爱好一直陪伴着我。后来择业时，摆在眼前的有离家近、工资稍高的其他工作，但我还是因为个人兴趣，选择了现在的职业。与薪资相比，对所做之事的热爱，更让人有动力。

**条件 2：有明晰的意义感，确信自己在其中实现了生命的价值。**

写作对我来说，已经不单是一份工作了，它还有很多其他意义。心情好或不好，都可以用写作来释放；有好的想法和创意，都可以融入稿子中，这件事带给了我莫大的成就感，让我切实感受到了自我价值。

**条件 3：有实际的经济收获，能够依靠它维持生活。**

做撰稿工作 10 年，自由撰稿人 6 年，写作一直是我维持生活的主要经济来源。在这些年里，我不断地扩大写作领域，承接的业务也变得越来越广，这是一个很好的发展趋势，让我有勇气继续坚定地在这条路上走下去。

上述 3 个条件，我应该是完全满足的，所以我确定，这个职业、这个位置是适合我的。如果你对现下的工作状况不太满意，甚至对工作提不起兴致，那你有必要认真地想想：这个职位到底适不适合你？你是否有必要重新给自己定位？

在扭转现状的过程中，不要焦急慌忙，也不要妄自菲薄，一定要记住：

**“每个人在努力而未成功之前，都是在寻找适合自己的种子。**如同一块块土地，肥沃也好，贫瘠也好，总会有属于这块土地的种子。你不能期望沙漠中有绽放的百合，你也不能奢求水塘里有孑然的绿竹，但你可以在黑土地上播种五谷，在泥沼里撒下莲子，只要你有信心，等待你的，将会是稻色灿灿、莲香幽幽。”

# 花24小时，找出你的小红点和小黑点

## ——复盘你的优势与劣势

和你同时毕业、各方面条件相似的同窗，近两年涉足了一个全新的行业，有5位数的月薪可以拿，有派遣出国的机会。你会不会产生跳槽的冲动，也有意想进军那个行业？

与你关系不错的朋友，辞掉了安稳的工作去创业，做出了一番成绩，带着全家老小去境外旅游。他享受阳光沙滩的时候，你正在办公桌前拼命劳作。你会不会对他的现状萌生出一种羡慕之情，以为自己当老板就是有千般好？

看到朋友业余时间做代购，每天发一些图和介绍，一个月出国采购一次，现在靠这份代购赚取的收入，已经超过了她的本职工作。

你是否也开始琢磨，自己也要尝试一下做网络分销，帮其他平台去推广产品？

如果没有足够理智的头脑，以及对自我的清晰认知，真的会有不少人选择追随他人的步伐，尝试另外一种人生。至于结果，失败者比比皆是，成功者却是寥寥无几。很多事情不能光看表面，换而言之，你看到的那些也不过是别人想让你看到的，背后还有许多你不知道的东西。比如，别人为什么要选择创业？为什么要选择做代购？他们有哪些资源和渠道？自身又具备哪些优势？这不是你能直观看到的，但却是关乎着成败的重要因素。

表姐大学毕业后，进入一家机关单位做文员。在外人眼里，这份稳定安逸的工作着实不错，可性格外向的她却对按部就班的工作模式很是厌倦。有一次，单位里的领导让她陪同出席一个宴会。在宴会上，表姐认识了一家房地产公司的总裁，这位总裁对她活泼的性格、机敏的谈吐很是欣赏。

没过多久，表姐就接到了一份邀请，那位房地产公司的总裁请她过去担任营销部的副经理，表姐没有任何犹豫就接受了这份新工作。当时，家里人都反对她的决定，说她太冲动了，缺乏长远的考虑。可是，表姐认为那份工作更适合自己，决意要试一试。果然，到了这家房地产公司后，表姐的能力得到了充分的展示，她开发了一大批客户，也把营销团队领导得很有士气。

每个人都有自己的长处和优点，只有从事与自己特长相符的工作时，才能实现资源的最佳配置。如果不知道自己的特长在哪儿，或者说不考虑自身的实际情况，反其道而行之，往往就会陷入“高智商低绩效”的怪圈。所以，属于个人的最佳位置不是赚钱多、职位高的岗位，而是最适合自己、最能发挥自己优势、最能调动自己内在热情的工作。

我认识的一位女记者，20 年前是在商场卖化妆品的导购。她说自己一直都想当作家，但为了谋生，只能先做导购。那会儿，周围人都觉得，她一个卖东西的导购想当作家，简直是痴人说梦。

其实，很多人都不知道，她就像《刺猬的优雅》里的女主角勒妮，做着不起眼的工作，实则有自己的精神宫殿。她从小就爱好写作，文笔也不错。在读初中和高中时，她经常给青春类的杂志投稿，有好几篇都被录用了。只不过，一向低调的她，从未张扬过。后来，因为家庭方面的原因，她没能上大学，中文梦也因此半路夭折了。

好在，她的心态不错，从来没把周围那些冷嘲热讽当回事，一门心思地琢磨着如何给自己创造良机。由于她对商场里的各种商品行情、流行趋势、价格信息非常熟悉，就利用业余时间把收集到的信息写成稿件，试着寄给杂志社。有文字功底做保障，加之所写的内容也非常接地气，投出去的稿件屡屡被采用。几年下来，她就成了几家杂志社的骨干通讯员。

偶然的一天，她接到了一家杂志社打来的电话，对方告诉她，社里即将向社会公开招考一批记者，希望她能够报考。这个消息对她来说，绝对是一个求之不得的好机会。后来，她顺利地通过了考试，走上了专业记者的岗位。虽然她的作家梦没有实现，但此时的她已经把写作兴趣变成了自己的职业。

一个人的价值有多大，全在于自身的选择与定位。这个定位，如果是以社会地位、威望、体面、金钱等元素为标准的，就会蒙蔽心智，被动地应付工作，阻碍特长的发挥；只有根据自身实际、以最能充分发挥特长为标准，才能调动起自身的全部才能。换而言之，在付诸努力之前，一定要先认识自己，找到自己的优势与劣势。

我看过杨萃先老师的职场 36 计，里面的第一计就是“回顾往昔”。

回顾你 15 岁～ 25 岁的人生经历，找出自己的小红点和小黑点。所谓小红点，就是自己比别人强的方面，小黑点就是自己的不足。

以我自己为例，我的小红点是“心思细腻、擅长写作和思考、感受性强”，我的小黑点是“性格内敛、害怕被关注”。所以，在过去的经历中，我很难胜任老师、培训师这样的职位，但我适合做自由撰稿人、心理咨询师。

不知道你有没有过类似的感触？自己在做某些事情的时候，虽然很用心，却总是不太成功，无法达到预期的状态，做得也不开心。相反，做另外的一些事情时，似乎没太费劲，却很容易上手，也很有成就感。其实，这就是小黑点和小红点在发挥效用。

当然了，个人的特长也不是固定不变的，也会随着时间和环境的改变而变化。这几年由于工作关系，我接触到了更多的人，也在沟通的过程中不断磨炼表达自己意见的能力，所以在这方面我比过去进步了很多。未来，我可能也会调整自己的位置，从单纯的幕后写作者、咨询师，发展成能够做一些简单的活动的分享者，让自己的工作内容更有延展性。

最后，希望你也能够发掘自己真正喜欢又能做好的事。

# 与短板死磕，不如与优势相爱

## ——把精力放在强化优势上

高中的时候，我读的是理科班。

我有偏科的毛病，语文、英语、生物是我的强项，化学和数学其次，最差的是物理。刚升入高三时，我遭遇了一段特别难熬的日子，几乎每天晚上都失眠，白天去上课也是焦虑不安。其原因就是，我第一次物理月考，100 分的题目，我只得了 40 分。我没办法面对这样的成绩，甚至一度认为自己“完了”，觉得自己不可能考上大学。

我每天都在翻看物理书，做物理题，生怕自己栽在这门课上。然而，到了期中考试时，我的物理成绩还是没能得到较大幅度的提升，更让我无法接受的是，原本能够拿到高分的语文和英语，也落到了刚过及格线的状态。

我哭了一整晚，可我知道，哭解决不了任何问题，只能暂时性地释放一下情绪，高考的压力仍然存在，我还得收拾好心情继续迎战。

那次考试过后，我做了一个决定：不跟物理较劲了，能学到什么程度就学到什么程度，还是要努力让自己的优势科目保持稳步提升的状态。有了这样的心态和计划后，我觉得自己如释重负。在优势科目上，我的水平还可以，每天坚持复习做题，能够感受到点滴的进步；在中等水平的科目上，我主要是攻克不会的难点；至于成绩差劲的物理，上课认真听，保证接触过的题目都能理解，也就没有再做过高的要求。

在高三下半学期的一模考试时，我的优势科目英语和语文都在130分左右，数学稍差也在90分左右，理科综合成绩虽被物理拉了一些分值，但整体能够保证过180分及格线。这样一来，整体分值并不低，相比第一学期时要好很多。

18岁时的自己，不懂得什么优势、劣势，当初会做出那样的决定，完全是被逼无奈，不想再折磨自己。现在回顾那段经历，却能够总结出一些心得，甚至可以说是做事的方法与智慧。其实，放弃跟物理较真，努力维系自己的优势科目，就是在“扬长避短”。

很多时候，我们会陷入一个怪圈，试图弥补自己的缺陷，希冀得到一个圆满。但越是努力，却越是受挫，最后距离圆满越来越远。这种跟短板“死磕”的做法，实在是太得不偿失了，会让我们筋疲力尽。天才永远是少数的，每个人或多或少都会存在一些短板和弱点，如果非要跟这些不足较劲，就是在为难自己。

**成功在于最大限度地发挥优势，而不是克服弱点。**损控可以防止失败，但永远不可能将我们提升至卓越。对于那些不足之处，只要加以控制，让它不至于影响优势发挥就可以了。就像我当初的物理科目，我后来选择的处置方式就是“控制”，只要不让它差得太离谱，或是放任自流就行，根本不必在它身上花费太大的精力，就算我能从 40 分提升到 60 分，也难以弥补我的语文和英语成绩每科降落 30 分，真的是得不偿失。

学习是这样，工作也是一样。每一次被问及成功秘诀的时候，百度 CEO 李彦宏都会这样说：“做自己最喜欢的，做自己最擅长的。”选择了最喜欢的，才会越工作越开心，在遇到困难挫折的时候，不沮丧、不颓废，全身心地去享受整个过程；选择了最擅长的，才会在最有优势的领域，打造出自己的核心竞争力。

我的大学同学Q，当初报考汉语言文学专业，也是因为兴趣使然。她从小就爱看书，也希望将来能出版自己的小说，最好能发展成编剧。临近大学毕业时，周围的同学都开始找工作，Q却埋头在网络平台写小说。她也尝试过向出版社投稿，但都被退了回来。

Q觉得，那些作品没有被接受，是因为自己的视野太狭窄、阅历不够，写出的东西不够有深度。为此，她向父母借了一大笔钱，到各地去旅行。每次旅行归来后，她都会写下大量的散文和札记寄给出版社。可结果跟从前一样，被采用的稿件很少。

长时间的入不敷出，久耕耘未收获的现状，让家人和朋友对Q的选择产生了质疑。大家都劝她，不如就把写作当成一种爱好，再去好好找份工作做。Q明白艺术源于生活的道理，想着工作还能获取生活经验，也就同意了。

身在曹营心在汉，Q上班后一直是这样的状态。她时时刻刻都想着创作，对本职工作很不用心，领导对她的态度很是不满，没过多久就把她辞退了。接下来的那两年，Q屡遭失业，情绪也一落千丈，作品质量更是每况愈下。

现实的打击，让Q清醒了许多。她终于明白，要成为作家除了努力，还要有机会、阅历、思想等诸多条件，最重要的是擅长。

她顶多算是热爱写作，但并不具备写作的优势。就这样，她放弃了作家梦，选择做广告文案。

依仗着扎实的文学功底，Q 很快就在工作上崭露头角，成为公司广告策划部的骨干。10 年后的今天，提及年轻时走的那段弯路，Q 感慨地说："人都有擅长和不擅长的东西，跟短板死磕是一种消耗，把擅长的事做到锦上添花，更容易成为赢家。"

那么，到底该如何建立我们的优势人生呢？

**第一，要识别自己的主导才干，然后有针对性地去获得相应的技能，并将其转化为优势。**

很多人总是不断地学习各方面的技能，但却没有给自己带来多少实际效应，问题就出在缺乏针对性上，没有发现自己的主导才干。打个比方，你对绘画很感兴趣，且具备这方面的才干，那你可以学习与绘画相关的技能，如平面设计、绘本插画等，这样就很容易打造出自己的核心竞争力。

**第二，要识别自己的才干，留意自己学习新事物时的反应。**

我们有时无法认清自己是否真的具备某方面的才干，这就需要在平日里多观察。特别是在接触和学习新事物时，一定要关注三点：渴望、学得快、满足。

许多时候，我们对某一件事很感兴趣，对某一个职业很青睐，很可能是因为好奇。遇到此类情况，最好的方法是深入、全面、具体地了解这个新事物，如果发现自己并不如一开始那么喜欢了，就表示你对这个事物只是一时好奇。如果全面了解后，依然很渴望，那就值得一试，说明你对这个东西是真的有兴趣。带着这种兴趣，你可以学得更快，也更容易获得满足感。

**第三，持续观察自己的行为和情感，聆听内心真实的声音。**

找到自己喜欢的领域，是一件很幸运的事。然而，在找到之后能够坚持多久，又是另一个问题。你要观察自己，在做这件事的时候，有多少成效？进步如何？做起来有多难？做的时候是否愉快？是否有成就感？如果没有外在的回报，你还愿意做下去吗？如果你的回答都是积极的、肯定的，那么这条路就是适合你的，能让你发挥出才干和潜能的。

选择不只是一种抉择，更是一种能力。这种能力，是对自己清晰的认知，知道自己能做什么、不能做什么，擅长做什么、不擅长做什么，喜欢做什么、不喜欢做什么。这种能力，是对直觉的判断，知道自己在哪方面最容易脱颖而出，在哪个领域最容易成为专才。

# 你理解的天赋，可能从一开始就错了

## ——认清天赋与努力的关系

前不久，我跟一位从事企业咨询工作的朋友吃饭。席间，朋友提起他们今年的公开课计划，里面有一项关于演讲的课程，是他负责主讲的。我听了之后，主动要求参加这个课程。

当时，我是这样跟他说的："这个课我很感兴趣，也特别想参加。这些年，我看了很多书，也做了很多书，有不少的心得体会，就是不知道该怎么用演讲的方式输出。我觉得，自己缺乏这方面的天赋。你就不一样了，你站在台上特别有感染力，天生就适合干这一行。"

朋友笑了笑，说："你跟我聊天的时候，不管说什么问题，逻辑性都挺好的呀！你现在看我在台上讲课谈笑自如的，别忘了我可

是在这个行业做了十几年。我确实挺喜欢这个工作的，也比较享受在台上演说的感觉，可这并不意味着，你不具备这方面的潜力。天赋像起跑线，而成就是没有终点的跑道。论起跑线，有的人置前，有的人置后，短期内肯定会拉开差距；可一旦放在更长的时间维度里来考量，天赋的作用就没那么大了，依然得靠后天的学习和刻意练习，这一点对任何人来说，都是必不可少的。”

我相信，很多人在对天赋的认识上，跟我犯了同样的错误，即把天赋视为一种能力。朋友说得那番话，对我的启迪还是挺大的。天赋这个东西，虽然代表着某种天生的特性，能让一个人在相同起点的情况下，比别人成长得更快一些。可是，这并不意味着有天赋的人不努力就能达到某种目标，或是抵达某种高度。

音乐大师莫扎特，14 岁在教堂里听了一首经文歌后，就能凭借记忆把它全部默写出来。这首歌大概有 2 分钟，且有好几个声部。很多人会说，这就是天赋。可这并不是事情的全部真相，莫扎特在 6 岁的时候，就已经完成了 3500 个小时的练习，是经由他父亲指导的。

莫扎特的父亲，也是一位音乐家，出版过《小提琴奏法》。他放弃了宫廷乐师的工作，把全部心思和精力都用在了莫扎特身上。

看到这里的时候，还有人敢坚定地说：莫扎特能把那首曲子默写出来，凭借的完全就是天赋吗？

多数人认为，只要有某方面的天赋，不需要太多努力，就能获得不错的结果，努力只是一个锦上添花的东西。可实际上，天赋只能代表一种潜力，最终能否转化成能力，还要依赖后天的刻意练习。我们耳熟能详的那个“一万小时定律”，说的就是正确的刻意练习。

刻意练习的过程是很艰辛的，它不是重复我们已经掌握了的东西，而是不断去挑战难度更高的内容。如果一个人在某方面有天赋，但他不能维持刻意练习的热情，也是很难成功的。

很多人问过我：“怎样才能提高写作能力？这件事是不是要靠天赋？”

如果我说，我在上高二之前，在写作方面没有表现出任何的天赋，甚至不太会写文章，你相信吗？偶然的一次机会，我的语文老师在周记中与我有了很好的互动，让我萌生了一种想去写的意愿。之后，我的潜力（天赋）就被调动了出来。

天赋被调动出来，只是一个开始。后续的日子，我就进入刻意练习的阶段。回想起来，从高中到现在，大概已经有十五六年了，这期间我一直没有间断过写作。这是一件辛苦的事，可我没有丧失

刻意练习的热情，这份热情就源自，我在写作时充满了自主感、胜任感和归属感。写作带给我的是不断成长的喜悦、不断增高的收入，所以我才坚持了下来。

每个人在不同领域上的潜力是不一样的，我有很好的感受性、有驾驭文字的能力，而你可能在乐感、在人际交流方面更擅长。天赋这个东西，是无法与他人去比较的，这样做也没有任何意义。我们更需要做的是，自己跟自己比，看看自己究竟是 A 方面还是 B 方面更有潜力？花费同样的时间和精力，是在 A 方面成长得快，还是在 B 方面成长得快？比较之后，选择自己较有优势的那一部分，维持刻意的练习，把这种天赋转化成才能。

那么，什么样的刻意练习才是正确而有效的呢？

我们先认识一下“刻意练习”的概念。刻意练习，是心理学家 K. 安德斯·埃里克森提出来的。他给出的定义是：为了掌握某种能力，有意识地付出努力，投入到某项活动中。只有有意识地重复，才会引起大脑神经的变化。最终，随着时间的推移，大脑不再对这项活动感到不适，成为我们无意识的一种能力。

正确而有效的刻意练习，应当更侧重于练习的“质”，而不是练习的“量”。

**·跳出舒适区，在学习区域通过努力去完成一些挑战。**

你应该还记得第一章里我们谈到的“低水平重复”，以及那个学习区域的图。如果一直待在舒适区里练习，水平很难有提升，因为这个区域的事情，大多是我们轻轻松松就能够完成的。恐慌区是我们难以企及的领域和能力，当前难以掌握。所以，最好的练习方式就是，在学习区内，通过努力去完成一些挑战。

**·刻意练习要大量重复，把有意识的反应变成无意识的反应。**

现在，你可以结合自己的实际情况反思一下：在你每天的工作和学习内容中，分布在各个区域的情况是什么样的？如果在学习区的刻意练习微乎其微，那你就要重新审视了。

**学习任何一种新东西，都是打破惯性思维进行大脑重构的过程。**要建立起重构以后的稳定神经结构，需要反复多次地练习，这是一个将有意识变成无意识的过程。就像我们学习骑自行车一样，开始时是很困难的，当我们能够完全掌控车子的平衡，可以骑着它前进后，坚持不断地练习，假以时日，我们就能把骑车变成一种无意识的反应，不需要再刻意掌握平衡，甚至可以一边骑车一边与人聊天。

**·以错误为核心，通过反复练习获得持续有效的反馈。**

刻意练习的艰辛在于，它不是重复已掌握的东西，而更多的是以错误为核心的。还是以骑自行车为例，如果我们上来就能骑着走，根本就不需要学习。恰恰是因为我们无法掌控平衡，才要去练习，避免让车子向左右偏移。

工作方面也如是，如果你从现在的领域跳槽到一个新的领域，你肯定需要跳出舒适区，去学习新的技能。这期间，你难免会碰到问题，会犯错误，但正是因为遇到了阻碍、犯了错误，才能从中学到东西。

**·在刻意练习的过程中，保持高度的专注力。**

假如两个人都在学习区内练习，练习的时间也一样，且都有反馈，结果是不是也一样？答案是否定的。这里面还牵涉到一个因素，就是练习时的状态。如果一个人在练习时总是分心，而另一个则进入了“心流”状态，结果会有很大的差异。

刻意练习是一件非常耗费心力的事，需要专注和持续。不过，人的精力都是有限的，很难有人可以长时间地进行刻意练习。对我们来说，最好的办法就是，提升时间的性价比。找到自己的优势，在状态最好的黄金时间段，做高效而专注的刻意练习。

# Part 4

# 战术上的勤奋，掩盖不了战略上的懒惰

# 付出总有回报，骗了很多人

## ——没有战略的战术是无效的

表弟一门心思要考研，每天早上 5 点钟起床，背单词、看政治、做数学题，还要去上考研复习班，每天花在学习上的时间有十几个小时。

离考研还有 3 个月时，我问表弟："你为什么想考研呀？考研之后有什么打算？"

我以为，他应该对未来有一个不错的设想。没想到，表弟却略带羞涩地跟我说："姐，其实我也不知道为什么考研，只是因为我周围的人都在考。至于考研之后做什么，我也没想过，就想着先继续深造，拿个更高点儿的第一学历，将来找份好点儿的工作。"

听了表弟的回答，我一时间不知道该怎么回应，可心里却为他捏了一把汗。

很多人在做事的时候，都只关注“我要怎么做”，似乎只要为自己的理想和目标付出了努力，人生就不白活，哪怕失败了，也能心安理得地跟自己说一句：“反正我尽力了。”

上大学时的我，也遇到过这样的情形。

当时，我报名参加北京市导游职业资格考试，买了配套的教材，每天都带着书去自习室翻看。室友们都觉得，我对这件事还是挺重视的，可只有我自己知道，在自习室里的时间究竟是怎么度过的？我的思绪总是浮想联翩，根本静不下心，看着那些对景点的介绍，我的眼皮不自觉地就沉了。可如果不看书，内心又有愧疚感，就逼迫着自己故作勤奋。

现在想想，当时我根本不知道自己为什么要考导游职业资格证，完全是因为听姑姑讲她身边有个做导游的女孩，薪资待遇挺好的，我就想着自己也去试试。其实，我对导游这个行业没有一个全面的认识，对导游资格考试也没有一个系统的了解，就知道要考导游综合知识和导游基础知识，还有一门口试，总共 3 本复习教材。至于学习的目标和计划、记忆的方法，脑子里根本就没有那些概念。

这两三年，我接触了一些做企业咨询管理的公司，也听了不少相关的课程。几乎很多课程都会提到同一个短语——战略性思维。结合自身经历的一些问题，我发现战略性思维不只存在和适用于企业管理，对个人发展和目标实现也是必不可少的。

表弟考研和我考导游资格证的那种状态，完全属于在战术上努力，没有考虑战略的问题。当然了，我连战术上的努力都算不上。战略，是为什么要做这件事？战术，是怎么去做这件事？战略牵涉的是选择的问题，战术牵涉的是努力的问题。在日常生活中，战略性思维往往就体现在，能否整体地、系统地、长时间地去实现一个目标。

回顾表弟考研的问题，他看周围的人都在考研，就随大流地跟着考，为的是得到一个相对较高的第一学历，将来能找一份好点儿的工作。如果努力考研的最终目的，就是为了找到一份好工作，那么本科毕业就可以朝着“找一份好工作”的目标而努力呀。

如果在大一时，就定下“找个好工作”的目标，努力的路径就不单单是学习文化知识那么单一了，还要积极参加学生活动、参与社会实践、寻找实习机会，还要学会如何制作博人眼球的简历、补充课堂上学不到的沟通技能等，而不是泡在自习室里度过大学 4 年，再继续泡在书本里去考取一个更高的学历。

退一步说，就算顺利地考上了研究生，毕业后就能确保找到一份好工作吗？在这两者之间，是否还需要思索一些东西，完成一些准备，实践一些内容？如果依旧延续本科时的方式和状态，待到研究生毕业之际，是否又得琢磨着再去攻读一个博士学位呢？

多数人无法做到“战略勤奋”，并不是因为懒惰，而是因为认知不足。坦白说，如果我不去参加那些企业咨询管理的课程，我可能也只是把“战略”当成一个“常常听到，却不理解”的词语，更无法在回顾往事时，发现问题并汲取教训。

战略，对每个人来说都不尽相同，这跟个人角色、职场位置、人生阶段有很大关系。如果你是企业的 CEO，你的战略思考就是商业模式、用户价值、人才建设等；如果你是产品经理，你的战略思考就是用户需求、产品体验；如果你是一线员工，你的战略思考就是岗位本身对公司的价值、关键成功因素、个人在团队中的差异点；如果你是学生，你的战略思考就是毕业后的定位，以及为实现目标筹备的资源和条件，等等。

单纯地意识到战略很重要，是远远不够的，我们还得找到正确的战略方向。

人生是一场马拉松，不能只顾着眼前该做的事，还得想清楚未来的发展目标和路径，找到为之努力的理由和价值，并将这种实现目标的成功逻辑想透彻、想清楚，让每一个阶段的自己都知道该做什么，并能整体地、系统地、长时间地为了终极目标而奋斗。

# 毕业N年，为什么还是那么穷

## ——工作经历不代表工作能力

凌子经常调侃，说自己命不好，得到的和想要的对不上号。

读高中的时候，她不迟到、不早退，听课认真，做题专注，起得早、睡得晚，周末假期不疯玩，就是每次考试得不到高分，前10名里永远没有她的名字。苦读了3年，熬出了熊猫眼，瘦成了闪电，最后却只考到一个专科院校。

凌子安慰自己说："尽力了，不后悔。"

离开校园，凌子加入了浩浩荡荡的求职大军，投了上百份简历，总算是谋求到了一份勉强能养活自己的工作。大学的悠闲时光并没有磨掉凌子身上的韧劲，她还是跟当年一样，做事特别认真，一板

一眼的，从不偷懒敷衍。她爱读鸡汤文，签名上赫然写着：我始终相信努力奋斗的意义。

4 年过去了，凌子想要的，岁月依然没有给她。

和她一同入职的女孩莉，从销售助理做起，现在已经成了精英业务员，底薪涨到了 4000 元，月提成最高的时候拿过 1 万 +。相比之下，凌子却始终没有发出璀璨的光。她当初应聘的是出纳，在这个岗位上做了整整 4 年，也算是有点资历了。可是，在真正接手公司的账目后，情况还是跟她预想的有很大差距。

从经济方面来说，周围已有同学混到了中层，拿着丰厚的年薪，按揭买了车子、房子。凌子还住在三环外的一个合租房里，每月工资的一半都要缴纳房租、水电、网费，剩下的那点钱，也就够日常吃饭，以及添置两件价格实惠的衣服了

凌子很心酸，曾经还以为，熬过了职场的蘑菇期，从新人熬成老人，有了一定的资历，就可以摆脱捉襟见肘的境遇。没想到，毕业 N 年，依旧是那么穷，被身旁的人逐一赶超。多少个被黑暗笼罩的夜晚，凌子独自走在城市的街头，带着满心的疲惫轻哼着那一句："是不是只有我的明天没有变得更好……"

太多年轻人被浮躁、焦虑缠绕着，没有耐性去等待，在职场里

进进出出，频繁地挑选着自己的位置。在这一点上，凌子做得还算不错，她认准了这份职业，就决意好好耕耘，也相信有了一定的工作年限和经验积累，必然能够熬出头。然而，这都是她一厢情愿的想法，现实一直冷冷地对她报以嘲笑。

公司的财务主管离职了，论资历和对公司的熟悉程度，凌子理应接任。谁知，老板却从外部搬来了一个“空降兵”，年龄看上去跟凌子也差不多。平生第一次，凌子开始怀疑自己，萌生了想要转行的念头。就在凌子欲辞职时，新来的主管用行动给她展示出了一面镜子，让她发现了自己的问题：工作经历、工作年限，不等于工作能力！

按照过去的工作习惯，凌子是付款后再做凭证，而新主管却是在款项支付之前就把记账凭证做好了，这样能提早发现异常，避免资金损失，还能极大地节省时间；新主管从不在月末做账，而是把工作分散，提前到月初和月中，不再集中突击，月末用不着火急火燎地加班；同时，她还把整块的工作拆分，把零散的工作整合，极具条理性。

凌子混沌了这么多年，在那一刻豁然开朗。她曾经以为，只要努力了就一定能有回报，只要在一个岗位上坚持做下去，就会有晋

升的希望。直到新主管的空降，看到和自己同龄的人在处理业务上的利落劲儿和条理性，她才知道：工作经历是一回事，工作能力是另一回事；前者只代表时间，后者则代表做事的效率。想起自己这些年，就知道一脑袋扎下去做事，没想过什么归类、总结，也没在意过方式、方法，每天起早贪黑地疲于奔命，努力得让自己都感动，本以为劳苦功劳终有回报，谁知得到的全是挫败、打击。

没有功劳，再多的苦劳也是零。老板付工资时，看的不是谁熬的夜多、加的班久，而是看谁的能力强、给公司创造的价值大。即便许多公司在招聘员工时，会强调有工作经验者优先，可如果你的“经验”只是工作年限的堆砌，也并不比初出茅庐的新人更“值钱”。

Z从事销售工作已有8年，做过笔记本经销公司的业务员，推销过医疗设备和酒水，每份工作至多做2年就忍不住跳槽了。他之前一直认为，是那些公司不够规范，提供的平台也不太理想，但最后的这一次跳槽，却让他看到了事情的另外一面。

Z现在工作的这家公司，规模中等，做的是亲子教育课程培训。对他来说，这算是一个全新的挑战。Z这两年刚晋升做了爸爸，心态上有了很大的变化，也认为亲子教育是很有市场前景、关系到家庭幸福乃至整个社会的产业。所以，他很想在这个领域内深耕，也暗下决心，无论遇到什么样的困难，都要极力克服，促使自己成长。

从态度上讲，Z 确实比以前工作时更用心，与客户沟通时也不那么急躁了。他所在的小组有 7 个人，大部分是 90 后，Z 认为自己年龄稍长，又有多年的销售经验，理应各方面都有优势。所以，他还是蛮有信心的。

然而，半年之后，在看到业绩榜时，Z 却有了一种失落感。他所在的小组，有一个 1992 年的姑娘，半年积累业绩总额是全公司第一。更让 Z 不解的是，这个姑娘原来没有做过销售，而是在一家心理服务机构做行政，属于转行过来的。可当她熟悉了公司的产品、工作的流程之后，与客户沟通交流得非常顺畅，甚至很多客户指定要找她谈业务。她跟 Z 入职的时间差不多，却碾压了全公司的新老业务员，实在是不容小觑。

这一次，Z 没有像从前那样拍拍屁股走人，而是慢慢放平了心态，决意向优秀者看齐。在跟那位同事细聊，并跟踪她的销售过程后，Z 突然意识到，这个姑娘从前是在心理服务机构工作的，也系统学习过心理学，而这些东西放在销售中，就成了她的优势。她和其他业务员的分水岭不在于经验和技巧，而在于思维以及对人心的把握。

多数业务员包括 Z 自己在内，都是以传统思维去做销售的，特别重视“技术”，认为有耐性、会说话，就能做出好业绩。可这个姑娘不同，她没有用“技术思维”去做销售，而是用“营销思维”去做销售。当她本着“站在客户的角度思考，进入客户的内心，了解客户的痛苦和需求，帮助客户解决问题”的目标去做事时，无论是赞美、激将还是投其所好，那些都不过是为“战略”服务的“战术”。从业近 10 年，这是 Z 在销售领域学到的最重要的一课，也是他过去多年一直欠缺的东西。

工作年限和工作经历只能说明自己过去做过什么，并不能证明自己的工作能力一定很强，更不代表就能配得上高薪的待遇。不要自欺欺人地把工作年限当成资本，结合实际的工作性质和内容，树立起战略思维和战略方向，站在这个基础上去完善工作的技能，才会让自己变得越来越“值钱”。

# 有人适合做总统，有人适合扫地
## ——做好自己的职业规划

很多刚毕业的学生，在面试时都会被问道：“你的职业规划是什么？”

乍一听，这个问题好像和应聘职位、工作能力没什么关系，大部分的年轻应聘者都把心思放在“穿着得体、简历出彩、总结实践经验”上了，根本没有思考过职业规划的事，甚至压根儿就不知道职业规划是什么。

其实，面试官这样询问是有原因的。他是想了解应聘者有多少雄心壮志。一个有理想的公司需要一群有理想的员工作为支柱，公司的高层也希望下属具备不断进取的精神，这样才能合力协助公司

达成愿景中的样子。与此同时，职业规划也是管理层领导比较看重的能力。

这就是人生的导航图，倘若不知道自己要去哪儿，最后就只能原地踏步。

瞬息万变的时代，很容易让人迷茫和困惑，心里有难以名状的烦恼，这种困扰让我们对自己、对工作、对生活感到不满，甚至还有一种莫名的愤怒感。心灵鸡汤书里把这种状况称之为浮躁，而浮躁背后的实质，是对人生、对自己、对未来的不确定性的忧虑，是没有一个明晰的人生规划。

当一个人有明确的职业规划时，他会盘点自己的现在，谋划自己的未来，知道自己在做什么、要做什么、现在是什么、将来要成为什么，继而明白自己为什么工作、工作能够实现什么。这样的人生，是一张精心设计的蓝图，而不是七零八碎的拼图。

H 先生在专业清洁剂领域做了十几年了，具备营销管理能力和团队管理能力，有快消品渠道管理经验。由于家庭的缘故，他无法频繁地变动工作区域，只能守着现在这个工资待遇并不高的岗位。这让他郁郁寡欢，业绩也不断下滑，想辞职却又不知道去哪儿。他期待一个稳定的发展平台、一个好公司、一个好老板，让自己能发展成优秀的职业经理人。

借助一次培训的机会，他跟职业规划师说起了自己的苦闷。对方帮他分析了现状，并给出建议：要么辞职创业；要么重新找一家公司；要么认清自己在公司的现状，改变自己。

他仔细思量了这三种选择：创业需要资金和机会，于他的条件来说不太现实；辞职再去新公司，需要花费时间成本去适应，且未必能有现在同等的职位；最为可行的办法，是在公司内自我调整，重新找到自己、重新定位自己，实现个人与公司的再次发展。

谁能给自己这样的机会呢？只有现在公司的营销老总！职业规划师建议他，坦诚地与老总沟通自己的规划，清楚地跟老总达成发展共识。同时，他还要在现在的岗位上更加勤奋努力，做出满意的业绩，并不断地学习总部管理、智能管理需要的技能，可考虑进修MBA。

就是这样一个看似简单却很理性的规划，让H先生豁然开朗。他很快就找回了对事业的信心和奋斗的目标，这就是人生导航图的力量。

最理想的职业规划，应当从毕业之前开始思考，此时明确自己的人生目标，毕业后就知道要选择和接受一份什么样的职业。然而，现实的情况往往是，许多人并没有这样的意识，即便是在工作了N

年后，依然仅把工作当成一种谋生的工具，迷茫和困顿总会时不时地出现。

如果此刻的你，正处于这样的状况中，也不要太着急。当你意识到了这个问题，并愿意付诸行动时，给自己找一个明确的目标，用认真的心态去学习和完善自己，总好过什么都不做。有句话说得好：“种一棵树最好的时间是10年前，其次就是现在。”在选定的事情上专注地耕耘，给生命多积累一些厚度，依然有希望为自己打造一个良好的职业生涯。

具体该怎么做呢？你必须先了解和学习职业规划的方法，以及思考问题的方式，再用于实践。在这个过程中，求助职业规划师是可以的，但透过H先生的例子，你应该意识到一点：职业规划师不会给求助者一个现成的答案，而是用自己的专业知识和引导技巧，激发求助者独立思考。H先生最后做出的选择，不是职业规划师给他的，而是他自己思考斟酌之后，做出的最优选择。

有人认为，职业规划就是三年发展到什么职位、五年发展到什么职位。实际上，这都是想当然的结果。真正的职业规划，不是立志几年做到什么职位，而是要聚焦实现目标的路径。在制定职业规划时，可参照下列几个步骤：

**步骤 1：找到你的人生目标**

一个幸福的人、一个成功的人，他的职业和生活方式与他的目标通常都是一致的。你不妨问问自己：我是谁？我的一生想成就什么样的事业？回顾往事，最让你感到满意的是什么？哪一类事情最能令你产生成就感？

**步骤 2：着手准备实现你的目标**

在实现目标的途径上，职业选择尤为重要。你的职业能够帮你实现人生目标吗？如果不能，那就尝试更换职业。如果更换职业不现实，那就再考虑一个问题：有没有什么办法能把你现在的职业和人生目标联系起来？

**步骤 3：制订一个详细的计划**

怎样的计划才算详细？它至少要能够回答如下问题：在未来的 N 年内实现什么样的目标？在未来的 N 年内赚到多少钱，或达到何种程度的赚钱能力？在未来的 N 年内拥有什么样的生活方式？这些问题的答案，会给你提供一份短期目标的清单。

**步骤 4：在现基础上实施的条件**

具体的短期目标形成后，你要考虑如何去实施。比如，你打算在 5 年内成为中层管理者，那你就要思考：你需要哪些能力才能担任中层管理者？你要增加哪方面的知识？你要排除哪些障碍？你的上司能给你提供什么帮助？你在公司晋升为中层的可能性有多大？这份职位需要怎样的教育程度、经验水平和年龄层次？

**步骤 5：切实地付诸行动**

**没有执行，再完美的计划也是枉然。**要实现人生的目标，一定要克服懒惰和拖延，集中精力去行动。在行动的过程中，势必会遇到各种妨碍和诱惑，要尽可能地减少负面因素对自己的干扰，力求不偏离既定目标。

**步骤 6：及时调整你的方法**

外部的环境和条件总在变化，在实现目标时要有坚定的毅力，但也不能太过死板。及时地更正和调整方式方法，审时度势，更有利于成功。

当你内心有了明确的方向，无论此刻身处哪一个位置、现下的薪水高低，都不会过于斤斤计较。因为你知道，这只是自己的起点。只要根据合理的计划，一步一个台阶地往上走，达到目标就是一个日积月累的结果。与此同时，你的这种态度和行为，也会让老板、客户给予你正向的反馈。谁不愿意跟一个目标清晰、有理想、有追求的人成为拍档呢？

# 不贪恋眼前利益，凡事看长远

## ——人生择业要有长远思维

学妹囡囡找我聊天，上来就说："姐，世上要有卖后悔药的该多好呀！"

我当时很想说，要是有后悔药，哪儿还轮得上你买啊，我直接就去抢了。不过，顾念学姐的身份，我还是忍住了，听她絮叨起事情的原委。

囡囡学的是新闻专业，毕业后在北京的一家杂志社做采编。按照专业来说，其实挺对口的，且她本人也喜欢四处走访，拓宽眼界和思路。入职没几个月，囡囡就得到了领导的认可，但凡有什么重要的事宜，都会让她参与。对新人来说，没什么比受领导赏识更有动力了。

就在这时，囡囡以前应聘过的一家合资企业发来邮件，告知她她被录用了，职位是广告策划，各方面的待遇都比杂志社要好。囡囡纠结了一个礼拜，没忍住诱惑，向杂志社提出了辞职申请，跳槽到那家合资企业，开启职场的新篇章。

做广告策划跟新闻采编，完全是隔行如隔山。采编稿有人物传记、有纪实报道，主要在于会听、会问，把素材整理成稿子，让更多人的看到，传达出一种精神。相对来说，商业气息没那么强。可做广告文案就不一样了，现代的读者观众对硬性广告的容忍度几乎为零，倘若不做得搞笑点儿、文艺点儿、动情点儿、有趣点儿，恐怕没人会浪费时间去看。

囡囡很努力地写软文，却始终找不着感觉，写出来的软文不是太硬，就是营销的力度不够，每篇稿子都要修改四五次，挫败感爆棚。她不愿承认自己做不来，就一直憋着劲儿，可到了第 3 个月时，她真的扛不住了，递交了辞呈。

就这样，囡囡失业了。她跟我说，其实在接受合资公司的文案一职后，心里就已经有点儿打鼓了。在递交杂志社的辞职申请前，她刚刚从一家养老机构做完采访回来，心里特有感触，写了一篇很有深度的稿子，心里的涟漪还未散去。一想到马上就要离开杂志社，进入一个新公司、新领域，去写商业化的软文，对未知的忐忑感瞬间就笼罩了她。

囡囡问我，接下来该怎么办？她很受挫，提不起精神，也不知道该何去何从。

其实，问题一点儿都不复杂。杂志社的采编工作是囡囡喜欢的，她做得也很好，假以时日，肯定会有更好的表现。虽然当时的工资待遇没有合资企业给出的高，但在这个平台上，她还有巨大的发展空间，随着能力和职位的提升，她的薪资很可能会翻倍。亦或会有同领域内更好的平台青睐她，这样的概率是很大的。

遗憾的是，在喜欢和高薪之间，囡囡动摇了。她放弃了离梦想最近的那条路，结果栽了一个大跟头。从职业规划的角度来说，囡囡无疑是走了一段弯路，可年轻的时候谁又能保持始终如一的清醒？不摔几个跟头、不经历点痛苦，又如何成长呢？

我跟囡囡说："你用不着后悔，至少这件事让你看清了自己真正喜欢什么、适合做什么。若是没有这段弯路，你将来还可能会因外界的一些因素而做出错的选择，到那个时候，代价可能比现在更大。你调整好心态，循着自己的心去找一个合适的平台，秉承开始时的状态去做事，结果不会差到哪儿去。”

**一个人能看多远，就能走多远。**

我们一直在强调“战略性思维”，战略性思维中有一项很重要的内容，就是目光要长远。身处这个浮躁、繁杂的时代，很多人都变成了机会主义者，对诱惑没有丝毫的拒绝力，更没有战略定力，一味地追求落袋为安，只注重眼前利益，而不顾长远，还美其名曰为“务实”。

不得不说，这是一个格局的问题。现阶段，为什么有很多企业做不下去了？就是因为，在创业初期只想着活下来就行，认为生存才是王道，根本不重视战略。在获取了第一桶金后，尝到了甜头，自然就导致路径依赖。结果，路越走越窄，难以与时俱进，最后只能倒下。

工作不是投机，违心接受一份薪水很高却毫无兴趣的工作，短期内能拿到可观的工资，可要长期坚持下去，真的很难。因为少了内在的动力，完全是在死扛。更何况，高薪的工作未必与你的核心资源相匹配，容易遭遇更多的瓶颈。

人们常常会说到一个词语——慧根。那么，何谓慧根呢？其实，它在战略思维里就代表着“大方向感”。如果一个人没有“大方向感”，经常左顾右盼，因诱惑而跑到岔路上去，或是做根本不适合自己的事，必然会屡撞南墙。第一次失败情有可原，可如果第二次、第三次都是重蹈覆辙，那就是不明智了。

选择一份适合自己的、能发挥长处的、相对喜欢的工作，薪水可能一时不太理想，但兴趣会催促着你主动做事，工作的乐趣和成就感会掩埋薪水的暂时不足。**当你全身心投入其中，让工作和生活形成一种良性循环的时候，“翻身”的机会就来了。**

闺蜜晓蕊去年年底辞掉了月薪 1.5 万的工作，周围不少人都说她“有病”，放着高薪优待不要，非跑到现在的公司，拿 8000 多块的薪水，还得四处出差奔波，图什么呀？可是作为闺蜜，我却替她松了一口气。

拿 1.5 万块钱的时候，晓蕊整天恍恍惚惚，晚上睡觉都成问题。每天脑子里想的都是如何去拉客户，如何说服他们买产品。没做成单子的时候要担忧老板对自己能力的看法，做成了单子也没什么成就感，只是觉得心里的一块石头落了地，解决了这个问题，还有 N 个问题在排队，对生活没有任何的期待。

现在晓蕊在一家文化公司做画展策展和协调，她是虔诚的艺术热爱者。如今常跟各界的艺术人士接触，虽然也是商业活动，可谈论的内容却多了几分文化气息，不再是单调的讨价还价。入职 4 个多月，她已经成功策划并参与了一次画展，效果很好，那个项目带给她的提成奖励有 2 万块钱。

如此一算，其实她的工资跟上一份工资也差不多，可是心理感受上却有着天壤之别。借助那次画展，她还结识了美院的一位教授，周末有空的时候，就去画室跟教授学油画，工作与生活相辅相成。提起现在的状态，晓蕊诡秘一笑，就跟捡了宝贝一样，说："这种感觉真好啊，有人付你钱，让你做喜欢的事。"

我太明白她的感觉了。在一次小型的招聘会上，我曾跟一家医疗器械公司的主任谈得很投机，她提议让我去他们公司实习，说可以带我做销售。那家公司很正规，有自己的实验室和生产车间，给销售的待遇也挺好的，可我考虑再三，还是拒绝了，转而去了一家负责撰稿的工作室。原因就一个，我喜欢写作，也擅长写作。

在当时看来，我选择的那份工作，无论是环境还是薪资，都不是最优的。可若把人生拉长来看，那却是助我成长的一个绝佳跳板，是离我梦想最近的一条路。如果没有那份工作经历，我可能无法走上今天的自由写作之路。

现在，依然会有人提议我去谋求一份稳定的高薪职业，我总是轻轻地笑一笑，不作回答。写作不是最赚钱的工作，甚至还很辛苦，可我在写作的时候，总能找到一种存在感、踏实感和成就感，这份工作我是愿意做一辈子的。

想来，心有喜欢的人，能做喜欢的事，应该也算幸福了吧？至少，我很满足。更何况，当我认定了这个“大方向”之后，一直在努力延伸它的版图。现在，这份工作并不是一项枯燥单一的业务，而是越来越丰富，也给我提出了越来越高的挑战。十年如一日，看似是在做同一件事，但其实它已有了更丰盈的意义。

# 工作没有好坏，有别的只是态度

## ——“怎么做”比“做什么”更重要

去年，应大学班主任邀请，玲姐跟几位学弟学妹进行了一次毕业前的交流会。

期间，有学妹问了一个特有代表性的问题：现在的社会，做什么工作更有前途？看着那一张初露成熟却尚未退却稚嫩目光的脸，置身于熟悉却又陌生的教室里，玲姐不由得想起自己刚毕业时的样子。那会儿的她，也在思考着同样的问题。

当时，玲姐接到了一家房地产公司的面试通知，宿舍里的姐妹们就开始议论，这工作都干些什么、有没有前途。当时，与玲姐同住的还有一位低一届的学妹，她开口就说：“姐，房地产行业有前途啊，听说那些卖房子的，开张能吃半年呢！”

小姑娘说得也没错。在 2007 年时，房地产是超级火热的。我的一位初中同学，在望京地区的一家房地产公司做业务经理，20 多岁就靠自己买了车和房，虽然也背着贷款，可白手起家的年轻人，能单枪匹马地凑够首付，在这个时代里也可以称之为“小有成就”了。

玲姐去那家房地产公司面试的不是业务，而是后勤助理，但工资也是跟业绩挂钩的。面试时，老板坦然告知，做这行压力大，尤其是业务员，做不出业绩的话，每个月就只能拿最少的底薪，1000 块钱，能否生活下去都是个未知数。

最终，玲姐没有选择房地产行业，而是去做了电子商务。那会儿，都说 IT 产业很赚钱，玲姐公司里拿高薪的人不少，她的两位部门主管，底薪和提成加起来每个月都有八九千。十几年前，这个工资数目已经不低了。然而，供给他们高薪的，不是那个主管的头衔带来的职位工资，而是让人可望而不可及的业绩。

玲姐的主管林 sir，负责中石油和中石化的渠道，一个月能卖出 700 多台电脑，这样的大单老板都不好意思用“提成”来给林 sir 算，直接按利润的比例四六开，给了林 sir 一个大头儿。当玲姐听到新来的业务员窃窃私语抱怨钱少的时候，她总是默默摇头：只想要高薪，却不知道该用什么去换高薪的人，只有在原地羡慕别人的份儿。

玲姐说，她对工作和前途的认识，恰恰是从那时开始转变的。

在选择工作时，多数人都愿意挑那些体面的、薪资高的工作，觉着说出去有面子，看起来也更有前途。若是工作环境差点儿、公司规模小点儿，心思和兴趣就不大，好像这工作就不如人，没发展。其实呢？**工作哪儿有什么好与坏，真正有别的是自己的态度。**

卖房子很辛苦，卖电脑也不易，特别是当稀少的底薪和每天联系客户的疲累不成正比的时候，多数人都觉着这差事没法做，又累又难赚钱。可你也看到了，有些人在这件事上做得很用心，最终拿到了比底薪高出 10 倍的提成。你能说，卖房子、卖电脑没前途吗？

**有没有前途，真不在于做什么，而在于你怎么做。**

一位读者说，她是一个胆子特小的人，害怕面对挑战，就想求一份安稳的工作，问我有没有什么好的建议。这个问题真的很难回答，我只能说：任何的安稳都是相对的，选择考公务员，进入机关事业单位工作，是一条很不错的出路，可这里有一个关键的问题：走进体制内以后，你打算怎么做？

朋友 P 毕业后进了电厂，工作很清闲，每天的工作任务有限，花 2 个小时就搞定了，剩余的时间可以随意安排，喝茶看报、上网聊天，没人刻意监督你。朋友P还是挺高兴的，轻轻松松就能拿工资，比起在私企里累死累活工作的兄弟，自己已经很幸福了。

前年，电厂效益不太好，裁掉了一批员工，P在办公室工作，虽然安全躲过了裁员的风暴，但工资却被降了。他曾以为光明无限的生活，顿时来了一场乌云压顶，P生活在三线城市，如今到手的工资不足3000元。

P也是一个有才情的人，问我能否介绍一些编辑给他认识，也想试着在业余时间写写稿子。结果，选题是接到了，可他私下跟我说：习惯了懒散的状态，突然有了压力，还真的有点不适应……然后，就没有然后了。

我有一位叔父，在乡镇小学做了近20年的教师，且不说没有熬到主任的位置，前几年竟然还从中心学校调到了规模更小的村校。他的工作是挺稳定的，可稳定却没有给他带来所谓的“前途”，就只是按部就班地过着日子，得过且过，甚至还不如当初。

同样作为老师，我的表姐先是在乡镇的中学做化学老师，再后来做班主任。5年后，她直接被区重点的校长选中，调到了区重点做化学老师兼班主任。表姐很好学，没有因为工作稳定而有丝毫懈怠，这份努力给她带来了更大的发展平台。

现在你问我，做什么工作有前途？我最想说的是，做什么工作都有前途，关键看你怎么去做。私企打拼也好，体制内生存也罢，有一个事实是明摆着的，任何工作都不可能像看韩剧、吃爆米花一样美好，它单调与否、有前途与否，完全取决于你做事时的态度。

日出日落，朝朝暮暮，我们内心所秉持的态度，直接决定着我们的思想是更开阔，还是更狭隘；也决定着我们的人生是会更出彩，还是继续一塌糊涂。一切，全由自己掌控。

# 借助平台的力量，成就自己的人生

## ——个人高度 = 自身价值 + 平台高度

我在网络上发文，经历了一段漫长的旅程。

2004 年底，我无意间进了杭州的一个论坛，在那里认识了一大波的文友，并担任情感版块的版主。那是除了 QQ 日志以外，我第一个公开发表文章的平台。

后来，我在新浪开通了自己的个人博客，两个平台共同发文。不过，那时候所写的文章，相对比较自我，完全都是想写什么就写什么，非常随意。

待微博出现后，我已步入社会参加工作。微博开始成为我发短文感想的平台，但关注者很少，大都是自己身边认识的人，偶尔有

一些互动频繁的网友。

再后来就有了微信，在阅读他人的公众号文章后，自己也注册了一个。不过，那时候根本没什么关注，完全是自娱自乐。

2015 年夏天，我因工作关系认识了编辑 L。跟他交流了几次之后，他才知道，我已经在图书行业做了六七年，写作经历也已很久。他跟我说："你写作的速度很快，也算是高产量的作者了，我推荐你去一个平台——简书，在那里发一些文章试试，对你而言是个机会。"

很感谢 L 的建议，没有他的指引，就没有现在的"米格格"。

我在简书注册了一个 ID：米格格。然后，发表了我的第一篇文章《为什么生活那么难，我还是拒绝一份安稳的工作》。写的时候，我真的没有想太多，完全就是抒发自己的情感。没想到，这篇文章竟然上了首页，迎来了一大波的评论和关注。

写作那么久，只在当当、京东这些平台，看到过自己撰写的一些社科书的读者评价。这种随心的、互动的评价还是第一次。不得不说，它给了我很大的鼓舞。

之后，我坚持在简书发文，其中有不少文章受到一些大号的青睐，如十点读书、人民日报等，编辑纷纷要求转载，而我也被更多的读者所认识。之后，我又开设了个人公众号 Ms 米格格，将自己的文章收录其中，标注原创。

2015 年年底，简书发起了招募签约作者的活动。CEO 简叔找到我，问我愿不愿意参加这个活动。个人作者和简书平台，将来可以携手去推广、出版作品。其实，在这期间，已经有不少图书公司的编辑向我抛来橄榄枝，要求约稿。当时的我，刚刚签完《谁不是一边流泪，一边坚强》的出版合同。

就这样，很多读者认识了我。我也在 2015 年先后出版了两本个人散文集，虽然以前也出版过不少社科作品，但它更富有工作的意义，而非个人理想的实现。那两本个人散文集，完全是我凭借自己的喜好、意愿去创作的，有个人的特质在里面。后来，我又跟其他两家出版单位合作，陆续出版了两本个人散文集，算是真正地圆了自己的出书梦。

其实，我在 2013 年的时候，就有过出个人散文集的想法。当时，我也联系了一些专门出版青春励志书的出版集团，最终他们以“没有网络影响力”回绝了我。编辑的意思是，必须在某平台有连载，且有一定的粉丝量，才有可能出版个人散文集。

彼时的我，没有那样的条件和机遇。当我成了简书的签约作者

后，文章被各大公众号转载，原来拒绝过我的那家出版集团，竟主动向我约稿了。此时的我才意识到，很多事情不是你努力了，你有能力了，就可以抵达想去的地方。在这个“酒香也怕巷子深”的时代，当我们拥有了天赋、能力和努力的条件后，还需要一个合适的平台，帮我们达到新的高度。

这两年也听到一些同龄的作者念叨：“现在真是后浪推前浪，你看有多少 95 后的作者冒出来，年纪轻轻就能出版自己的作品，比我 20 岁的时候强太多了。”我们不能否认人家有写作的天赋和能力，但我也不认同我们的 20 岁就一定不如别人的 20 岁。

10 年的时间，可以改变的东西有很多，社会环境、科技发展就更不用说了。10 年前，大家都在用 QQ，移动网络还是 2G 的；10 年后，可以带着手机去全国各地，兜里不用揣银行卡和现金，个人都可以建立微信公众号，各种可入驻的平台也很多……这些外在的因素，不得不考虑其中，个人成功除了自身能力以外，也跟所处环境、所遇平台有直接关系。

当我们为了自身的目标而不懈努力时，千万不要忘了借助平台的力量。就实际情况而言，我们可借助的平台通常有以下几种：

**·企业——为你提供达成目标所需要的资源。**

商界一直把 GE 公司比喻成职业经理人的摇篮，它不仅能为员工提供提升能力的机会，还会在人脉、资源、名声方面，给员工未来的事业加分。

在职业生涯初期，选择一个好的企业平台，能为日后的职业生涯带来帮助。不过，好的企业平台，不只局限于规模和薪资待遇，我们在选择企业平台时，还要考虑到：企业能否为你提供培训和发展的机会？企业在人脉、声誉方面能否为你提供额外的价值？

**·老板——引领你成长和进步，创造更多的机会。**

从 20 岁开始，贺哥就跟着他的上司 Z 总在中关村做业务员。后来，Z 总独立门户，贺哥也随之成了新公司的部门主管。再后来，贺哥也开始自己创业，开办了公司。一路走来，他很感激 Z 总，也很庆幸自己当初跟对了老板。Z 总对市场趋势的判断很准确，且业务能力强，贺哥从他身上学到了不少东西。更重要的是，Z 总对贺哥很关照，一直引导着他成长，包括后来贺哥自主创业，Z 总也帮了他不少。

**·合伙人——志同道合、能力相当，共同成长和进步。**

腾讯的 5 位创始人里，有 4 位都是从中学到大学一路走来的同窗。所以，当你遇到志同道合、能力相当，且可以共同成长的合作伙伴时，千万要珍惜这个机会。要知道，在合作共赢这件事上，做好了往往就能实现 $1+1>2$。

**·家庭——利用家庭现有的资源，超越现有的成就。**

我的高中同学阿云，家里是开私营超市的。从小给家里帮忙的她，对打理生意也是比较有经验的。大学毕业后，她就接手了父母原来的店面，现在规模已经扩大到了三家连锁店。如果家庭能够给你提供一个平台，大可将其作为起点，证明自己的能力。

有一个事实我们必须正视：平台再好，也无法弥补自身价值的不足。如果自身的价值太低，能力不够，努力又不足，却每天只想着借助平台，就变成了“投机”。我们身边不乏类似的例子，自己没什么能力，却大肆宣传，结果把自己的不足暴露得淋漓尽致，加速了失败。唯有锤炼好自己的本事，再找对合适的平台，才是提升个人高度的正确打开方式。

# Part 5

## 你不是不努力，是不会有效利用时间

# 有多少没时间，是真的没有时间

## ——不是时间少，是会用的人太少

“嗨，你的公众号好久都没有更新了，出什么事了吗？”

“太忙了，没时间写。”

“那最近都在忙什么呢？”

“没什么，瞎忙……”

这样的生活场景，你是否会觉得似曾相识？被人问及某件拖延已久的事情时，总会用“没时间”充当理由，听起来好像有道理，却禁不起细问，独自沉思后也会发觉，好像并没有忙出什么名堂。日子按部就班地过着，时间一分一秒地流逝，该玩游戏还玩游戏，该刷微博还刷微博，周末成了睡懒觉、追剧、逛街的固定日。没时间学习、没时间读书、没时间写作、没时间旅行，可也说不出自己到底做了哪些有价值的事。

没时间，没时间，没时间……为什么我们总是没时间？

N是典型的穷忙族，每天早出晚归，在办公室里待的时间超过10个小时。她自认已经很努力了，但入职已经几个月了，领导却没有表示出给她转正的意思。“是不是老板对我的表现不满？我都这么勤奋了，连自己的私人时间都奉献给公司了，还要我怎么做？”

别说，老板对N确实有点儿不满，可绝不是故意刁难，而是看似很勤奋的N，工作效率实在令人头大。交给她一项任务，难度不大，可她交上去的东西却总是漏洞百出。看在N是新人的份上，老板答应再给她3个月的学习时间，让N尽快提升工作能力，不然的话，就得咽下被辞退的果子。

迫在眉睫的N，不得不重新审视自己的工作态度和工作方法。她回想入职以来的这段时间，虽然自己每天坐班的时间很长，但真正用在工作上的时间也就只有一半而已，剩余的那些时间，全都花在了网络聊天、浏览网页、打私人电话上。

时间是留在了办公室里，可精力却没有全放在工作上，导致私人时间被大量占用，却无法实现高效优质的业绩。时间不等于精力，

没把精力用在对的地方，再多的时间都是落花流水。

面对上述情况，很多人会选择加班，把时间“追”回来。

曾有人对全球500强企业的1万多名员工进行调查，发现在每周40小时、每天8小时的标准工作时间内，员工们每天真正的工作时间还不足6小时，大约有2.09个小时是在做与工作无关的事情。于是，有人提出建议：平时多加班2小时！

然而，加班真的能解决问题吗？

从表面上看，增加工作时间确实能够提高产出、提升完成任务的概率，但实际情况却告诉我们，这不过是人为的假想。且不说这浪费掉的2.09个小时无法挽回，就算是加班，也未必能扭转不良状况。研究还发现：当一个人的工作时间超过8小时后，其工作效能会呈现递减的趋势，所以说，加班不是万能药，工作时间太长也不是什么好事，还可能导致投入与产出失衡的局面。

与此同时，我们也要看到另一种局面：在同样有限的时间里，有的人可以按时甚至提前完成任务，从来不加班，可创造的价值却不少。这就值得我们反思了，到底是时间少，还是会利用时间的人太少呢？对多数人来说，也许真正的问题并不在于时间有限，而在于是否把有限的时间用对了地方、用到了极致。

怎样才能把时间用对地方、用到极致呢？这就牵涉到时间管理了。

我曾经认为，时间管理就是管理时间，我为此所做的努力就是，把每一阶段的时间都用好。比如，尽量早起半小时，留出吃早饭的时间；白天工作期间，尽量不开小差，争取少加班；晚上少看电视多看书，给自己充电 1 小时。真可谓是分秒必争，自我要求甚严。

其实，在这样做的过程中，我一点儿都不快乐，有时还很痛苦，就像强逼着自己去做这些事一样。可我又很纠结，如果放弃这种做法，许多时间可能都会被浪费掉。我的内心住着两个小孩，每天不停地撕扯、争吵。

人不是机器，没办法机械地转动。这样的状态持续了两个多月，就彻底终结了。我买了一些关于时间管理的书，开始真正地了解时间管理，试图给自己找一种相对舒适、容易坚持的正确方法。读到乔丹·科恩那本《把时间放在重要的工作上》时，我被一段话“击中”了，它让我认识到自己对时间管理的认知是有偏差的：**“时间管理的实质是工作效率，其中的差别好比节食和保持健康之间的关系。你想怎么节食都行，但节食不一定会让你更健康。”**

过去我一直很看重怎样花费时间，却没有因此变得高效。我意

识到，有些适合别人的方法，到我这里根本行不通，它只有在某些特定的情境下才能发挥作用。时间管理不单纯是管理时间，它还牵扯到一系列的问题，需要我们不断地尝试多种方法，要有耐心，也要设定指标去检验，还可以考虑让别人参与检验。这些内容，在后面几个小节中，我会详细地谈一谈。

# 工作时间长，不代表你很努力

## ——养成专注工作的习惯

最近这两年，梦瑶的工作状态非常糟糕，思想观念也出了问题。

公司新来的同事是一个22岁的女孩，每天都朝气蓬勃的。干活的时候挺安静，一到休息时间，立刻就能听到她的欢声笑语。下班后，梦瑶习惯性地在办公室加班，小姑娘却哼着歌收拾东西，跟大家道别。

“一会儿都不肯多待，什么工作态度啊？”梦瑶心里这么想，但没好意思说。不料，有爱调侃的男同事，却把类似的话抛了出来：“踩点下班不是好员工！”小姑娘一点儿都不含糊，张口就说：“我今天都超额完成任务了，还坐在这里干吗？我约了朋友去逛街！”

听到小姑娘爽朗的回答，梦瑶挺不是滋味的，甚至涌起了一丝丝妒忌。是啊，人家都超额完成任务了，到点下班有什么错？这才是高效又正确的工作方式。像自己这样，每天加班到 8 点，看起来是挺努力的，可又干成了多少事呢？

一次闲聊，梦瑶问我："逛街闲玩儿不耽误，一年高产 N 多篇文章，你有三头六臂啊？"

我倒真的想有三头六臂，可惜我就是一个普通的俗人，只有一个脑袋、一双手。做这些事情，真没什么特殊的秘诀，无非就是合理安排时间，老老实实去做事！可就这两件事，也是很考验人的：一是合理安排时间，提高工作效率；二是杜绝拖延，该做的事必须行动。

刚入驻简书和开通微信公众号时，我就犯了行动赶不上计划的毛病，过了一段焦虑繁忙的日子，虽然每天花 10 个小时在电脑跟前，可稿子的字数却不见增加，工作进度慢得像蜗牛，眼见着截稿日期就快到了，才意识到自己犯了拖延症。

其实，我一向认为自己的自律性还是过关的，为什么会突发拖延症呢？原因就是，突然接触了两个新鲜事物，总忍不住想去看看，每天打开电脑的第一件事，就是去看评论留言，看其他文章。待真正开始工作时，已经1个多小时过去了。这还不算完，刚有点儿头绪，写了几百字，突然又想打开我的个人公众号看看，把以前的一些文章更新到公众号平台，然后1个小时又过去了。

一天下来，不知道要打开那些网页多少次，时间嗖嗖地就过去了，好像很不够用，但真正要做的事情，却被耽误了。以前，一个工作日可以完成五六千字的任务量，可那半个多月，我每天写的稿子连3000字都不够，偶尔就写一个小节。眼看着截稿日期越来越近，积压的任务量越来越多，烦躁不安、焦虑紧张一股脑儿全来了。

很多人都会有这样的感觉，当压力超过了潜意识能接受的临界值时，压力就会引发焦虑、抑郁和无力感，感觉无法再愉快地工作和生活了。工作的热情降到冰点，堆着一堆的事情，就是不想做，可越是不做，压力就越大，成了恶性循环。

怎么办？我在意识到稿子的任务快完不成时，终于清醒了。

我把工作时间从每天上午的8:00，提前了1个小时，7:00就开始正常工作。我坐在电脑桌跟前，列出“今天”要完成的任务，在头脑高效的时间段里，心无旁骛地投入其中，除了查询相关资料，不许玩手机，不许开网页，专注地写稿。我个人的黄金时间是：上午的7:00 ~ 10:30，下午2:30 ~ 5:00，晚上8:00 ~ 12:00。这些时

间我尽量会用来工作和充电，剩余的时间，可以稍作休息，去看看网页，处理一下留言之类的。

坚持了两三天以后，工作的进度有了明显提升，看到有了些许成绩后，焦躁的心情就踏实了很多，然后按照这种节奏走下去，偶尔状态好的时候，还能够超额完成任务。就这样，虽在前面浪费了一点儿时间，但后期我还是有条不紊地补了回来，没有踏上拖延的“不归路”。

智能手机和网络已是工作的必备品，可我们在享受便利的同时，也在无形中拱手让出了大量的有效时间，于是变成了瞎忙族、穷忙族。不是工作本身让我们疲于应对各种紧急事情，而是不懂时间管理，让计划好的事情无休止地往后拖，影响了个人生活和职业前途。

我们都渴望高品质的生活，既可以看书写字、升职加薪，又可以登山旅行、拍照秀图。要同时办成这些事，不需要三头六臂，只需要具备在短时间内实现大量大价值工作的能力，而不是把大好时光浪费在逛淘宝、刷微博、聊微信等无效的事情上。

惠普公司前 CEO 奥菲丽娜说：**“人生是一个不断剔除枝叶、走向主干的过程。”**

过多的枝叶会影响我们成为参天大树的进程。朝三暮四，东一榔头西一棒子，耐不住性子进行专业能力积累，抱着投机侥幸心理，到头来都将是“只开花不结果”。那些获得成功的人，不是因为他们的时间比别人充裕，机会比别人多，而是他们把时间和精力专注在了“刀刃”上，省掉了那些无谓的东西，为自己的目标“创造”了时间。

专注，其实有两层含义。

从广义上说，是专注于一个领域、一个行业、一门技术。人的精力毕竟是有限的，穷尽全力往往也很难掘得真金。在有限的生命里，能够专注于一个专业，朝着一个目标做精、做深，比那些多才多艺的人更容易做出成绩。从狭义上说，是专注一件事，认真不分心。前者更倾向于对人生和职业的规划，而后者更倾向于做事的方法。

我们所谓的累，多半都不是身体上的累，而是心累。如果能够专注一点、细致一点，所有的想法都围绕着一个点，不去思考与之无关的任何东西，自然会感到时间没那么紧迫。生活的金字塔不可能一步跃上，有选择性地去培养和坚持一些习惯，每天要改变的可能就是那么一点点，但长久下来，却可以为我们的人生创造更多的价值，甚至颠覆我们的想象。

# 跨国公司大力推广的事儿

## ——办公室的5S整理法

你有没有这样的感触：当办公桌上堆满了文件、书籍、日历、水杯等一系列物品时，心情会变得烦躁，思绪会一片混乱，完全进入不了工作状态。特别是找一件东西找不到时，翻来翻去，焦急万分……好不容易找到了，时间已经浪费了不少，整个人也觉得疲乏。

时间有限，人的精力也有限。越来越多的公司都在推崇“5S整理法”，如果我们能够掌握这个方法，上述的杂乱状态就能得到减缓或避免。少了杂乱的事分心，自然就能把心思专注在重要的事情上，提升效率了。

那么，何谓5S整理法呢?

5S起源于日本，是整理（Seiri）、整顿（Seiton）、清扫（Seiso）、清洁（Seiketsu）和素养（Shitsuke）这5个词的缩写，指在生产现场对人员、机器、材料、方法等生产要素进行有效管理，深受日本企业的推崇和青睐。

· 1S——整理

**区分要和不要的东西，除了需要用的东西以外，其他的都不放置。**

在判断“要和不要”时，可遵从一个原则：把未来30天内用不着的任何东西都挪出现场，目的是腾出空间来活用。

· 2S——整顿

要的东西按照规定定位、规定方法摆放整齐，明确数量，明确标示，实现三定：定名、定量、定位。这样做的目的，是为了避免因找东西而浪费时间。

· 3S——清扫

清除工作现场内的脏污，保持一个干净、明亮的环境。

· 4S——清洁

将上述3S实施的做法制度化、规范化，维持其成果。

· 5S——素养

培养文明礼貌习惯，按照规定行事，养成良好的工作习惯。这一条的目的在于，提升人的品质，培养对工作认真负责的态度。

丰田公司在维持和改善工作环境时，一直使用 5S 整理法，且尤其重视整理和整顿这两点。认真执行 5S 整理法，可以有效地消除工作中的浪费，提升工作效率。在丰田公司，没有人会认为整理是可有可无的杂事，而是将其视为工作本身。

丰田的一个生产车间，墙边摆满了储物架，架子上放着许多长期不用的物品，有些零件明明只需要一个，货架上却摆着两三个，甚至更多。

有一次，丰田的指导师让员工把不需要的物品清理掉，只在货架上摆放那些用得着的物品。结果发现，很多货架都空了出来，可以挪走不用。更让大家意外的是，当他们把货架挪开时，发现货架后面居然有一扇窗户。

通过整理和整顿，能够消除被浪费的时间、空间和物品，只用最低限度的零件和工具来工作，能够大大提高工作效率。就在这一年，丰田的这个生产车间一年成功削减了 300 万日元的生产成本，残次品的数量也大幅减少，产品的质量提升了一个层次。

许多人对5S整理法存在误解，认为只要工作环境和场地看起来干净、整齐就可以了。事实上，这并不是5S整理法的精髓。单纯地把东西摆放整齐，顶多算整洁，但整洁不是目的。比如，对书架进行整理时，将书本按照大小进行归类，或者把资料文件按照纸张的大小和颜色进行归类，这样看起来是挺整洁的，但并不能提升工作效率。在寻找相应的书籍和文件时，依然要挨个儿翻看，花费不少时间。

对我们来说，在现实中如何运用5S整理法，才能实现提高效率的目的呢?

**·对办公资料和用品进行分类**

所有的办公用品和工具都可以大致分为三类：现在要用的、将来要用的、永远不会用的。

现在要用的东西，也就是今天或明后天需要的东西。如果是生产现场，这些东西就相当于产品的零部件，或是必不可少的工具。如果是办公室，那就是与手头正在进行的项目密切相关的资料和用品，这些东西放在手边，有助于工作的顺利开展。

环顾四周，你会发现还有一些东西是这样的情况：

这个资料可能某一天会用到、那个文件有可能会有用……然而，这些东西将来真的会用到吗？你最好好好思考一下：到底什么时候能够用到？给出一个确定的期限，如 1 周后、3 周后、1 个月后、3 个月后，按照时间区间对这些东西进行分类。

如果无法给出期限，那就把它们归为“不确定”的一类。到期后，如果这些东西还是没有用到，那就可以归到“永远不会用”的类别中，然后无情地舍弃掉。

**· 按照有效的标准叠放资料与文件**

何谓有效的标准？不是简单地按照资料和文件的纸张大小和颜色来分类摆放，那样对提高效率没有任何帮助。

整理的目的是为工作提供便利，因此，我们要在对资料进行分类的基础上，按照资料的重要性、时间性等标准有序叠放，便于寻找和使用，这才是有效的整理。

比如，把最新的资料放在最上面，把最旧的资料放在最下面，这样找资料时就有明确的依据了，很快就能够找到自己所需的东西，也不至于把文件都翻乱。

**· 善于用小工具整理物品**

整理离不开工具，比如，文件柜、文件袋、文件夹、装订工具、笔筒、名片夹等，看似很简单的东西，如果能够巧妙利用，可以起到很大的作用。

比如，把现在用到的文件放在文件夹里，把将来可能用到的文件装到文件袋里，把永远不会用的文件丢弃，或是暂时放在文件柜里，把各种办公笔放在笔筒里，把散落在抽屉里的、办公桌上的名片，都放进名片夹里。这样一来，得到的不仅仅是一个干净、整洁的办公区域，还能够快速地寻找到自己所需的资料和工具，效率会高很多。

# 先做最容易的事，还是最重要的事

## ——遵从四象限法则来做事

朋友 K 是一家广告公司的设计总监，曾经打电话跟我诉苦，说他现在的状态完全就是“两眼一睁，忙到熄灯”。当时觉得他的形容有些逗趣，可后来才知道，他及公司里的不少人，每天都陷在这种疲于奔命的状态里，身心交瘁。

说说 K 每天的工作情况吧！通常情况下，他要花费 6 到 7 个小时做设计和研究，还要兼顾部门里的其他事情。经常是风尘仆仆地从外面回到公司，又急急忙忙地出去，设计部里的每件事他都要亲自参与，即便人不在公司，电话也会准时打来，否则他一百个不放心。

就算是这样，K 的时间依然不够用，他的设计工作也受到了很大的影响，经常到最后期限才拿出作品。可由于事情太杂，很难静下心思考，他设计出来的东西也不是很理想，老板好几次都表示，他的创意能力不胜从前了。

我在电话里提醒他："你干吗要忙成那样呀？管好你的时间，做好重要的事不就行了吗？把那些无关紧要的事情，交给你的助手，你集中精力去做设计。"

一段时间后，K 约我见面，说我帮了他的大忙。他跟我讲，他原来每天忙忙碌碌，可真正有价值的事情并没做出多少。后来，他把杂事都交给了助手，果然做事效率高了很多，设计的灵感也逐渐找回来了，作品就是比"赶"出来的要强很多。

谁能在有限的时间里，最大限度地减少浪费，谁就是赢家。

K 当初最大的问题就是，没有弄清楚自己到底该把时间和精力放在什么事情上。事实上，这也不是独属于 K 的个案，在面临不止一项工作任务的时候，很多人都可能会有同样的问题。比如，喜欢先做容易的任务，做完之后再绞尽脑汁地去琢磨难度较大的重要任务，但其实那个简单容易的任务，完全可以利用零碎时间发个邮件解决，根本不必优先处理。

正因为我们的精力有限，时间才必须要进行合理分配。所谓合

理分配，不是指把时间切割成多少段，而是要分清楚：什么事情必须做好，什么事情可以做好但是不那么紧急，什么事情紧急但是不那么重要，什么事情可有可无。

著名管理学家科维提出的一个时间管理理论，即把工作按照重要和紧急两个不同的程度进行划分，基本上可以分为四个象限：既紧急又重要、重要但不紧急、紧急但不重要、既不紧急也不重要。我们每天要面对的事情，全部包含在这四个象限中。

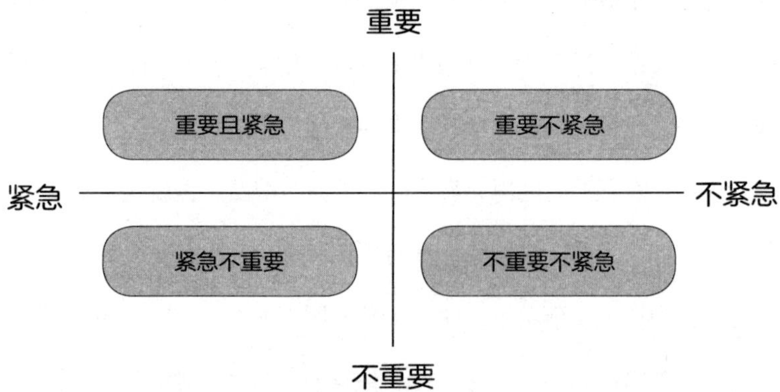


**·第一象限：重要且紧急的事**

这类事情是最重要的事，且是当务之急要解决的。它们可能是实现事业和目标的关键环节，也可能与我们的生活息息相关，比其他任何一件事都值得优先处理。唯有先把这些事合理高效地解决掉，我们才有可能顺利地进行其他工作。

**·第二象限：重要不紧急的事**

这类事情需要主动性、积极性和自律性。毫不夸张地说，我们处理这种事情的好坏，直接决定着我们对事业目标和进程的判断能力。生活中，多数较为重要的事都不是很紧急，比如，培养感情、节制饮食、读几本有用的书，但这些事情关乎着我们的家庭、健康、个人学识，它们很重要，但并不紧迫。正因为如此，很多时候我们才一直拖着不去做。直到有一天，看到了不好的结局，才后悔当初为何没有早点重视、早点解决。

**·第三象限：紧急不重要的事**

这类事情在生活中很常见。比如，你刚刚准备写点东西，突然间来了一条手机短信，提醒你手机要充值了。这个时候，你停下工作去充值，之后再回来工作，但这个时候思绪已经被打断了，需要一段时间来缓冲，才能进入工作状态。工作中很多任务被拖延，就是因为这些紧急但不重要的事的干扰。

**·第四象限：不重要不紧急的事**

从字面意思可以看出，这些事情既不紧急也不重要，那就不值得花费时间去做。一个人的时间和精力是有限的，这样的事能不做就不做。比如，看电视、听音乐、玩游戏。如果确实需要做，那就限定时间，比如，写博客限定 1 小时，看电视 1 小时，时间一到就马上停止，不要被这些无聊且无关重要的事缠住。

重要性

| 二、重要不紧急 | 一、重要且紧急 |
| --- | --- |
| 处理方法：有计划地去做<br>饱和后果：忙碌但不盲目<br>原则：集中精力处理，投资第二象限，做好计划，先紧后松 | 处理方法：立即去做<br>饱和后果：压力大、有危机<br>原则：越少越好，很多在第一象限的工作是因为他们在第二象限时没有被很好地处理 |
| **四、不重要不紧急** | **三、不重要紧急** |
| 处理方法：尽量不做<br>饱和后果：浪费生命<br>原则：可以适当休息，不能沉溺 | 处理方法：交给别人去做<br>饱和后果：忙碌并且盲目<br>原则：将你身上的“猴子”扔到别人身上 |

紧迫程度

了解了事情的分类之后，就知道该把主要精力放在哪儿了。

很多人在“一”和“三”之间徘徊，误以为紧急的事就是重要的事。事实上，如果紧急的事对于完成某项重要的目标没有丝毫帮助，那就要把它放在紧急但不重要的事中。

举个简单的例子：住院开刀，这是紧急又重要的事，必须在最短的时间内完成，这有助于健康；如果是朋友邀约马上出门逛街，确实紧急，可它并不太重要，对你完成工作没有丝毫益处，那它就算不上重要的事。

通常来说，真正耗费时间和精力的，是那些重要但不紧急的事。它们通常是一个长期的规划、一项长远的目标，我们要把时间的终点放在这些事情上，如果不能合理利用时间，这些事就会上升为“重要又紧急的事”，可在时间上却又难以完成，给自己带来巨大的麻烦。

现在，你可以试着把自己要做的事，分别填入到四个象限中。这样一来，你就知道自己的时间该怎么分配了，也知道哪些事要优先处理、哪些事可以放一下或交给别人、哪些事需要每天坚持做一点点，稳中求进。万事做到心中有数，就不会手忙脚乱了。

# 做事巧排序，你离成功就不远了

## ——根据任务情况科学排序

璐姐负责某公司办公室的内勤工作，虽然已经做了快一年的时间了，可还是觉得“不顺手”，时常出岔子。上周四，看见她的工作计划上罗列着一天要做的任务清单：

01. 做出下个季度的部门工作计划，第二天上交给老板。

02. 约见一位重要的客户。

03. 上午 11 点半到机场接机，是 5 年未见的大学同学，将其送到酒店。

04. 去一趟医院，开治疗过敏症的药物。

**05. 到银行办理一些业务。**

**06. 下班后与爱人一起吃饭，庆祝纪念日。**

要做的事情就这些，但似乎从一开始就不太顺利。璐姐前一天睡得有些晚，早晨起床迟了半小时，匆匆忙忙地打车到单位，还是迟到了 5 分钟。一进办公室的门，就接到老板的电话，提醒她第二天必须要交计划书。

璐姐打开电脑，上网查看自己的信箱，逐一回复客户和公司的邮件，不停地打电话答复分公司的询问。最后一个电话结束时，已经 11 点了。她向上司请了一会儿假，匆忙地赶到机场，还好只过了 10 分钟，打电话联系同学的时候，才发现对方早上登机前已发过来短信，说飞机晚点了。

中午 12 点见到同学，璐姐送对方到酒店，一起吃了午饭。这顿饭吃得并不踏实，璐姐心里想着下午 2:50 要见客户，所以一边吃饭一边跟客户约定地点。下午 2:00 的时候，她跟同学告别，赶到约定地点。由于花粉过敏，她在约见客户的时候不停地打喷嚏，只能连声道歉，弄得很尴尬。

回到公司，刚坐到工位上，想写一下计划书，银行却打电话

来催。赶到银行时，突然被告知需要加一份文件，气急败坏的她跟银行工作人员理论了半天，又回到了公司。办完了银行的业务后，距离下班只有 1 个小时了。她觉得很累，没有心思再写那份计划书，就先给同学打了一个电话，聊聊天释放情绪。

整理完文件，她和爱人去约会，一起吃晚饭庆祝纪念日，可是她整个人的状态很不好，连连打哈欠。回到家后，爱人休息了，她泡了一杯浓浓的咖啡，坐在电脑前，赶着那份重要的计划书。

璐姐的工作经常会陷入这样的状态中，忙忙碌碌，火急火燎，却总是有干不完的活。她经常会跟家人朋友抱怨，说工作太辛苦，做内勤要处理很多的杂事。其实，作为旁观者，我们更容易看出来，不是璐姐的工作任务太麻烦，是她做事太缺乏条理，不懂方法。

田忌赛马的故事，相信大家都听过，我们在此简单回顾一下。

齐威王和田忌分别要在上、中、下三等马中各选一匹来比试，一共比试三个回合，并约定每个回合获胜可获一千两黄金。当时，齐威王每一等次的马都比田忌同样等次的马略胜一筹，如果按照正常的逻辑去比赛，田忌肯定要输三次，因而要输三千两黄金。

可是结果，田忌没有输，反而赢了一千两黄金。

这是因为，他听了孙膑的建议，用上等马鞍将下等马装饰起来，

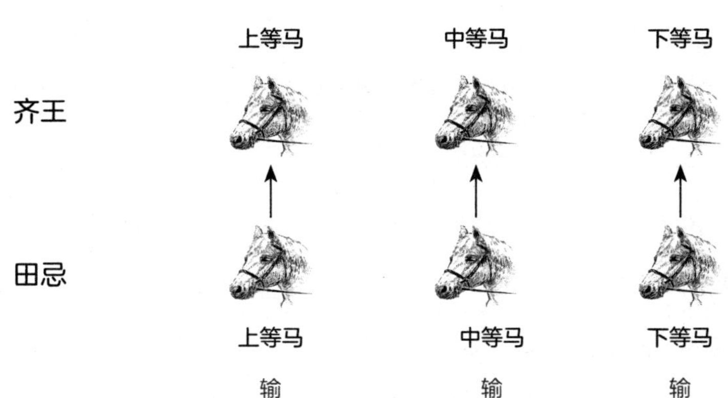


冒充上等马，与齐威王的上等马比赛。显然，第一局他输给了齐威王。到了第二场比赛，按照孙膑的安排，田忌用自己的上等马与齐威王的中等马比赛，顺利赢了第二场。关键的第三场，田忌的中等马和齐威王的下等马比赛，田忌的马又一次冲到了齐威王的马前面，结果二比一，田忌赢了齐威王。

| | 齐威王 | 田忌 | 本场胜者 |
|---|---|---|---|
| 第一场 | 上等马 | 下等马 | 齐王胜 |
| 第二场 | 中等马 | 上等马 | 田忌胜 |
| 第三场 | 下等马 | 中等马 | 田忌胜 |

从未输过比赛的齐威王目瞪口呆，他不知道田忌从哪里得到了这么好的赛马。这时，田忌告诉齐威王，他的胜利不是因为找到了更好的马，而是用了计策。随后，他将孙膑的计策讲了出来，齐威王恍然大悟，立刻把孙膑召入了王宫。

田忌胜出的关键不在于马匹，而在于排序方法。如果把这种方法用在我们的日常工作中，也可以最大限度地避免混乱的忙碌。就以璐姐为例，在面对任务清单的时候，她完全可以换一种工作思路。

Step1：前一天晚上睡前，把第二天要做的任务看一遍，做到心中有数，定好闹铃。

Step2：准时起床上班，先给各分公司打电话，请他们把相关的材料通过电子邮件发过来，且告知上午有事不能接受询问，下午会给予答复，而后给客户打电话约定时间、地点，且将地点安排在同学预定酒楼的咖啡店里，再给机场打电话，确定班机到达时间。

Step3：给银行打电话，确认需要的相关材料。

Step4：打完电话后，抓紧写工作计划，排除一切工作干扰，争取 11 点前交给老板。

Step5：中午 11 点前离开公司，拿上银行需要的一切资料。利用飞机晚点的半小时，到医院开治疗花粉过敏症的药。从医院出来，到机场，和同学好好享受午餐时光，而后到旁边的咖啡店和客户谈事情。

Step6：到银行办完手续后，回公司将上午各分公司的事务处理完毕。下午 5:50，到洗手间补一下妆，准备下班和爱人约会吃晚餐。

同样的工作任务，换一种方式来做，焦头烂额就变成了从容淡定，还能给自己留出不少的休闲时间。所以说，工作时依据任务的规律、性质和事务之间的联系进行科学排序很重要，最忌讳胡子眉毛一把抓。每天的时间不多不少，只有 24 小时，唯有用最快、最好的办法安排进程，才能实现高效率地工作、高质量地生活。

# 用“分”计算时间，而不是用“时”

## ——最大限度地利用碎片化时间

闺蜜在公司负责展会招商，前些天跟我诉苦说：“一直都想给自己充电，想利用业余时间学点儿东西，可现在三天两头地出差，真是身不由己。每天在工作上就得花掉一半的时间，我真不知道那些身兼数职的人，都是从哪儿‘偷’来的时间？”

有这种烦恼的人不只闺蜜一个，很多人内心都希望能多做点儿事，可又时常会念叨：“时间不够用，等闲下来再说吧！”请注意，这里有一个问题，“空”的时间与“闲”的时间是一样的吗？其实，很多人都把它们混淆了。

以闺蜜来说，她经常出差，在火车站、飞机场逗留的时间很多，且路上至少要花费三五个小时。这些时间她是怎么度过的呢？要么是看电影、刷微博、玩抖音，打发漫长的乘车之旅；要么就闭目养神，给自己补觉。后一种选择倒没什么错，养精蓄锐是为了到目的地后更好地工作，可如果不太困，这些时间就可以用来做那些平时想做的事。

曾经看过麦肯锡公司的一个调查报告，揭示的正是关于空闲时间的问题：

美国城市居民平均每天的工作时间为 5 小时 1 分钟；个人生活时间为 10 小时 42 分钟；家务劳动时间为 2 小时 21 分钟；闲暇时间为 6 小时 6 分钟。这四类活动时间分别占总时间的 21%、44%、10% 和 25%。每一天人们都是这样度过的。10 年来，人们的闲暇时间增加了 69 分钟，而我们一生中的闲暇时间，占整个生命的 1/3，这就意味着有更多的时间被浪费了。

中国人每天在电视前的时间是 3 小时 38 分钟，日本人和美国人每天在看电视上花费的时间分别是 1 小时 37 分钟和 2 小时 14 分钟。此调查报告还显示，本科以上的高学历者的工作时间是低学历者的 3 倍，平均日学习时间为 50 分钟，收入是低学历者的 6 倍以上。

很多人都认为，人与人之间的贫富差距、成就高低，都是因为环境、机遇、能力和性格等方面的差异导致的，其实就像爱因斯坦说得那样：**“人的差异在于利用空闲时间。”**

在此之前，我每天都要乘坐公交车去上班。从家里去单位要乘坐 2 趟公交车，中途换乘一次，大概 1 个多小时。路上的时间，我全都用在了看英文电影上。

之所以选择看英文电影，是因为那两年我用业余时间读了一个第二学位。要拿到学位，必须参加英语科目的统考，虽然难度不算太大，可英文已被我搁置已久，得重新拾起来。然后，我就想了这个办法，利用看电影的方式，重新找回语感，熟悉单词和句型，同时练习听力。更重要的是，看一些比较经典的电影能够加深思考，对我的工作也有帮助。

这样的日子，持续了一年左右。我第一次统考英语差了几分，没有达到及格线。第二年再考的时候，超过及格线近 20 分。在那一年里，我记不清自己到底看了多少部电影，但那些经典的台词、剧情都印刻在了我的脑子里。后来，在写稿子的时候，要阐述一些见解和观点时，我经常回忆起电影里的一些情节，它们都成了非常有说服力的素材。

当时的我，会做出那样的选择，并不是因为我懂得时间管理，而是迫不得已。刚接触图书撰稿领域的工作时，一切都在摸索阶段，没有太多的经验，大部分的时间我都扑在了学习上，晚上还经常加班。然而，考试也很重要，思前想后，唯一能利用的只有路上的时间了。

现在的我，回头再去看那段经历，像是在一个三维的角度去看二维的世界，我清晰地知道，那时的收获并不是偶然，而是时间管理造就的结果。我当时采用的策略就是，最大限度地利用碎片化时间。

如果那时的我，要求自己“1 年看 50 部电影”，恐怕很难做到。我肯定会说：“真的没那么多时间啊！”可是，利用上下班路上的时间，2 天看完 1 部是没问题的，1 周至少能看 2 ~ 3 部，1 个月看 8 ~ 10 部也很正常，这样半年下来基本上就能完成 50 部的目标。这一切，根本不需要刻意“找”时间去做，在按部就班的过程中，就悄然完成了。

懂得了充分利用碎片化时间以后，我真的是受益匪浅。

从 2019 年元旦开始，我已连续 3 个月没怎么休息过，因为承接了不少的选题，又开始着手做工作室，时间显得很紧。每个周六还要腾出一天时间，去培训机构上心理课。学习是一件很耗费心力

的事，想把一个东西领悟透彻，不能只靠老师课上讲解的那点儿知识，还需要在课后复习和深钻。偶尔，老师还会留一些作业，课下完成后，再上课进行讨论。

上一次课后的作业是，分析电影《暴疯语》里的精神科医生展现出来的“症状”。如果不去看的话，下次课上分析时，肯定跟不上节奏。可每天还有一大堆的工作等着我，怎么办？

刚好，那个周四我要到一家公司签合同，路程很远，坐地铁要1个多小时。我又像之前上班时那样，把电影存在iPad里，利用乘地铁的时间，把这部电影看完了。在办事回来的路上，我又开始思考这部电影里的人物，以及他们遇到的现实问题和心理问题。

下了地铁之后，略感疲惫。刚好附近有一家咖啡厅，我要了一杯咖啡，利用小憩的时间，打开电脑写了一篇关于《暴疯语》的影评，编辑好之后发表在个人的公众号上。半天的时间，我顺利签了合同，完成了老师布置的电影，分析了剧中几个主要角色的心理问题，并完成了公众号的更新，小小的成就感油然而生。

时间最不偏私，给任何人的都是24小时；时间也最偏私，给任何人的都不是24小时。关键在于，谁能把每1分钟的时间都利用到极致。玩抖音的功夫，可以用来收发邮件；和同事闲聊的时间，可以闭目休憩一会儿；路上等车、坐车的时候，可以顺便听书……

生命是时间累积而成的，零碎时间也是生命的一部分，积少成多，就会让生命变得充实而厚重。

# Part 6 碾压努力的不是现实，而是错误的思维方式

# 工作≠痛苦，生活≠享乐

## ——累的时候放慢脚步，状态好时多去创造

某书店里最显眼的位置上，赫然摆着一本《辞职去旅行》，晓茉停下脚步，驻留良久。

每次看见这样的字眼，她的心都不禁为之一动，说不清楚究竟是什么原因。也许，是书名勾起了她心里的某种欲望，比如体验一把“说走就走的旅行”；也许，是她厌倦了“温水煮青蛙”般的日子，害怕一眼望到底的人生，认为生活在远方。

在那些加班的深夜，她幻想着能躺在床上读自己喜欢的书、看喜欢的电影，工作和忙碌仿佛抽走了她的所有。不久之后，晓茉就递交了辞职报告。当她把这个消息告诉我的时候，我笑笑说：“在

意料之外，也在情理之中。”

逃离了写字楼的那一刻，晓茉说她有种久违的轻松感：天似乎比平时蓝了，风也柔和了，望着街上匆匆行走的人们，她甚至萌生出了一种同情感，而后又对自己即将到来的“新体验”充满期待。

“辞职，去旅行！”晓茉忍不住在朋友圈里发了一条自由宣言。片刻之后，就收到身边不少朋友的点赞，无外乎是羡慕、嫉妒和佩服。这些互动的语言，无疑又加深了晓茉对这一选择的决心。沿途路过机票代售点，她毫不犹豫地买了 2 天后去杭州的机票。

一个人去旅行，听起来带着些许文艺和浪漫的味道。

抵达杭州之后，她迫不及待地奔向了西湖，只为那“西湖美景三月天”的诗句，那场许仙和白蛇的旷世之恋，许嵩的《断桥残雪》，还有那句“上有天堂，下有苏杭”的赞誉。良辰美景，心里有诸多感慨，无人分享的遗憾，只能靠着发发微信来弥补。

美景、美食、轻松……在接下来的日子里，晓茉都享受到了。杭州是她旅行的第 1 站，而后她又在苏州、扬州、南京、上海逗留，一场旅途奔波下来已近 20 天。此时，晓茉开始有了一种想要“回归”的欲望。她给我微信留言说：“走了这么远，我有点迷路了。看着工资卡里一天天减少的余额，最初的那份轻松感已荡然无存，想起

生活还得继续，心有点儿慌。”

很多人都曾有过云游四方、仗剑走天涯的梦想，甚至很向往那些看上去无比酷炫的旅游达人所过的生活。可现实却是，真的做出了那样的选择后，并没有想象中那么开心，反倒陷入了和晓茉一样的心慌焦虑中。

为什么会这样呢？晓茉回忆说，她当初就是觉得工作太痛苦了，那段日子总是加班加点、不断输出，根本没有空余时间去享受生活、充实自我，每天过着行尸走肉一般的日子，无比厌烦。可没想到，当自己完全脱离了工作，才不到1个月的时间，又开始无所适从了。

晓茉的感受和认识，可能会引起很多人的共鸣，但其实这里藏着一个错误的意识：

**工作＝痛苦，生活＝享乐**

这两个等式，真的完全成立吗？工作与生活，就是痛苦与享乐的代名词？

如果说“工作＝痛苦”“生活＝享乐”，当晓茉离开职场、放弃工作、出门旅行之后，她应该不会痛苦，而是很享受自由自在的生活之乐。可现实情况是这样吗？最初的那几天，她是感觉比较轻松的，可越往后越心慌，失去工作就失去了生活来源，她开始焦虑了，

又重新感受到了痛苦。

我们经常会听人说，要掌握好“工作与生活的平衡”，可这种平衡到底是什么呢？

晓茉说，她之前觉得工作太痛苦了，没有时间享受生活，所以才选择辞职去旅行。显然，她辞职旅行的初衷，是为了找回工作与生活的平衡。然而，结果我们也看到了，当天秤完全倾向于“生活”的那一边时，晓茉感受到的并不是完全的快乐，依然有痛苦相伴，只是这种痛苦和工作时的厌烦不太一样而已。

这说明什么呢？生活不等于享乐。仔细想想，生活难道不需要付出吗？教育子女、赡养父母、经营婚姻、人际交往，有哪一样是可以完全坐享其成呢？有哪一样不需要付出和经营呢？可以说，这是一个喜忧参半的过程，有苦也有甜。

其实，工作也是一样的。当你挑战了一项新任务，获得了公司的肯定，拿到了不菲的奖金，你还会觉得“工作＝痛苦”吗？这种靠付出换得的成就感，反而会让我们感受到快乐和满足。从这个角

度来看，工作也不等于痛苦。

工作与生活，都是付出与回报共存、喜忧参半的，绝不是对立的关系。一旦我们把两者对立起来，就会认为“工作＝痛苦”“生活＝享乐”，继而在涉及工作的问题时，就会触动大脑内部与痛苦相关的区域，越看工作越厌烦，总想着逃避，甚至错误地认为，只要逃离了工作，就能摆脱痛苦了。

我们都知道，逃离了职场，不等于逃离了痛苦。生活处处都是考场，真正需要调整和改变的，是我们的思想意识。我们应该有这样的认识：有时，当下选择了付出，承受了痛苦，可以为将来获得更长远的快乐；有时，当下选择了享乐，得到了轻松，却会给将来造成长期的痛苦。我们要追求的不是痛苦与快乐之间的平衡，而是长期快乐与短期快乐之间的平衡。

已连续 3 个月没怎么休息的我，这段日子确实感到有一些身心疲惫，但手里的一些工作必须要处理好，不能耽误出版进度。偶尔，我也会冒出想要“罢工”的念头，但我给自己采取了“延迟满足”的策略：处理完现阶段的任务，给自己放假一周，可以去旅行，也可以在家喝茶看书，或者出门逛街，一切随自己的喜好。可在这之前，我还要“忍受”一下，尽量放平心态，保证正常的睡眠，让自己每天都能有一个良好的体力和精神状态。

承受短暂的痛苦，换得长期的快乐——稳步上升的事业、越来越高的薪水，这样的选择是值得的。如果每一次疲累，都立马去享受短暂的快乐，要承受的可能就是长期的痛苦——完不成的任务，不再被人信任，失去工作，陷入经济拮据之中，周而复始。

痛苦与快乐不是对立的，付出与享受也不是对立的。工作与生活都是喜忧参半的，都需要站在长远的、全局的视角去看待当下的感受。离开职场，放弃工作，不能让我们真正逃离痛苦，反倒会酿成更长久的痛苦；享受生活，体会快乐，也不是非得安逸度日、彻底停歇。

消除这些错误的意识吧！发现付出的意义和价值，享受付出换来的成果，累的时候放慢脚步，状态好的时候多去创造，这才是平衡工作与生活的真正要义。

# 做不好一件事，别总让性格背锅

## ——扬性格的正效应，补性格的负效应

刚毕业那两年，我频繁地跳槽换工作，也尝试过销售的岗位。说实话，那时候的我，对销售工作的认识是有误区的，大概是因为在参加公司的内部培训时，负责讲课的大都是公司的营销总监，看到他们谈笑风生、从容自如的样子，心里有羡慕和钦佩，可潜意识里却认为，自己难以做好销售工作，因为我的性格有些内敛，不太善于当面的言语表达。

正如自己所料，咬牙坚持做完了 1 个月的销售，我就再也做不下去了。

辞职的时候，我跟经理说："我觉得自己不太适合这份工作，可能是性格原因吧！”

经理倒是很随和，反问我：“你觉得做销售的人应该具备什么样的性格？”

我想了想，说：“至少性格应该是外向的吧？喜欢跟人交流。”

经理笑了笑，说：“其实，销售工作做得好不好，跟性格没有太大的关系。”

当时，我去意已决，虽然听出来经理有挽留之意，可我还是坚持要辞职，并认定自己的性格真的不适合做销售。自那以后，我再也没有去尝试这类职业。

事情已经过去近 10 年了，如今回想起来，我才觉得经理说的那些话，其实是很有道理的。那时候的我，之所以认为销售适合性格外向者，大抵是因为听信了一些偏颇之言：“做销售的人必须得机灵，毕竟是与人打交道，不懂得人情世故，不会说好听的话，就没办法把这份工作做好。”我的潜意识里也认为销售工作需要一个人圆滑世故，而我做不到。

现在看来，那种想法真的很片面，甚至是很荒谬的。这些年，看过身边不少性格内敛的人，在销售领域做得风生水起，也见过不少能说会道者，业绩却并不出色。我的初中同学 S 就是一个典型的例子。

S属于矮胖型的男生，长相也不太讨喜，语言表达能力更不敢恭维。可这个男生，却一门心思地想做销售。他所在的那家公司，当初并不想录用他，他跟经理谈了好几次，才得到一个试用的机会。培训期间，S特别认真，但成绩很一般。经理不太看好他，只觉得这个年轻人决心可嘉，提供一个机会也无妨。

培训结束后，新入职的销售员被分到各个市场。半年后，他们的业绩，让经理大吃一惊。之前，经理看好的那几个外表出彩、能说会道的销售员，一开始的执行情况、回款率和经销商的反馈都不错，但时间一长跟客户的关系却恶化了。不善表达的S，一开始业绩不太起眼，可时间久了，却跟客户结下了深厚的感情，在客户的全力配合下，他的销售业绩名列前茅。

对此感到惊讶的不只是经理，S周围的同事、朋友包括我在内，也没想到这个内向的、矮胖的男生，竟然能变成“销售精英”。可是，听完S的解释，我却意识到，是我们的认知太狭隘了。

一些头脑灵活、能言会道的新人销售员，在心理上认为自己有沟通能力强的优势，很容易在销售过程中忽视客户的利益，而在具体交涉时却能依靠自身的表达能力说服客户，让客户一时间无法拒绝，在没有彻底想清楚的情况下，就达成了交易。事后，客户冷静下来，回想整件事，觉得自己当时太不理性，没抵挡得住销售员的三寸不烂之舌，在其鼓动下买了产品，萌生了上当受骗之感。

说得少、做得多的S，在关系上不会跟客户太过亲密，也不擅长应酬，极少与客户一起吃吃喝喝，但他把侧重点放在了工作上，真正地为客户解决实际问题。也许他表面看起来没有头脑灵活的销售员与客户关系那么融洽，但客户对他这样的销售员很尊重。他们看重的，不是这个销售员会说多少漂亮话，而是他能给自己带来多少实惠。

当我们干不好一件事、做不好一份工作时，总是习惯把责任归咎于性格，认为是自己不适合这样的工作。殊不知，这种错误的想法，可能会让我们错失许多宝贵的机会，难以认识和挖掘出自身的潜力。相比性格上的短板，这才是职业发展途中最大的“拦路虎”。

一个人的行为不只受性格的影响，还与角色、经历、动机、能力、价值观、外部环境有关。很多性格内敛的人，都曾认为自己不适合做销售，总觉得那是外向者的舞台。实际上，能否做好销售工作，取决于以下几方面因素：

· 是否善于和别人迅速建立联系？

- 是否有强大的抗压能力?
- 是否能把任务变成努力的动力?
- 是否能真诚地关心客户、打动客户?
- 是否有激情?
- 是否有责任感?

我们会看到，在上述几个因素中，与性格相关的很少，更重要的是看个人的思维能力与情商。销售是一个看重实践积累的岗位，不是“口若悬河”就可以。在某些行业中，如果一个销售员性格内敛、沉稳，往往会带给客户靠谱、踏实的感觉。如果他再懂一些技术，对行业和产品相当了解，客户怎会不信任他?

不得不说，有一大部分人对内向性格的认识都是片面的。内向的人喜欢独处，但这并不代表，内向的人不具备与人交往的能力。做不好一件事的原因有很多，也许是能力还不够，也许是对行业不了解，绝不能单单让性格来背这个锅。

以我自己为例，在性格方面的确算不上外向，也不太爱热闹，可自打做了自由职业者之后，所有的业务都要靠自己去谈。我曾经以为，我是做不好销售的，可现在想想，把自己推销出去，不正是销售的核心吗？你要博得合作者的信任，让对方看到你的能力，这些不能光靠言语，还要靠实力。我的内敛性格非但没有成为短板，反倒是让合作者看到了自己做事认真、踏实的一面，给自己增加了一份竞争力和信任度。

现在，我已经不再刻意找寻什么方法，试图让自己变得外向。任何事物都有两面性，性格也如是。我们要做的就是，不刻意去压制天性，而是最大限度地去发挥自身性格的正面效应，尽量弥补内敛性格的负面效应。

于我而言，内敛性格的负面效应就是，谈合作的时候总是不好意思开口谈钱。针对这个问题，我花了两三年的时间去调整自己的认知：谈钱不可耻，合作是双方共赢，只要提供给对方的产品是优质的，那自己的付出就应当得到相应的回报。当这种观念逐渐取代过去错误的认知后，我就能够坦坦荡荡地跟合作方谈价格了，因为我知道，我在为自己争取应得的回报。偶尔，也会遭到对方的拒绝，但我不会感到自责和愧疚，因为我知道，对方拒绝是有他的考虑，而不单纯是我的原因，我不必去背负他人的问题和情绪。

所以，**面对性格的问题，真的没必要强迫自己去改变，扬长补短就挺好。**

# 独立思考的能力，决定了你能走多远

## ——你要独立，且能思考

2018年10月28日，重庆市万州区的一辆公交车与私家车碰撞后，不幸坠江。

事件一发生，立刻轰动全国。有人爆料说，事故是因为开小轿车的女司机穿高跟鞋逆行所致，瞬间“坠江事件+女司机”就成了网络搜索的热门关键词，事件迅速发酵，各大媒体和大V争相报道转发，女司机一时间被推到风口浪尖，遭遇了一片谩骂。

重庆万州警方对事件进行深入调查后，公布了公交车坠江的原因。根据车内黑匣子监控视频显示，事故原因系乘客与公交车司机发生争执互殴，导致车辆失控，在行驶中突然越过中心实线，撞上了对向正常行驶的小轿车后，冲上路沿撞断护栏，随后坠江。

坠江事件真相大白了，那些一开始不断声讨私家车女司机的媒体、大V和千万网友们，有的悄悄删除了之前的不实报道，有的就当什么都没发生过，开始把批判指责的矛头指向公交车上情绪失控的乘客。然而，那个饱受舆论伤害的无辜女司机及其家属，却没有因为事件真相大白而感到欣慰，网络暴力对他们造成的伤害已经形成，甚至成了难以抹去的一道伤痕。

网络暴力是毁人于无形的凶器，国内外的很多电影都反映过这个问题，许多无辜的当事人都是因为深陷口诛笔伐之中，承受不了那份压力，继而走上了自杀之路。坠江事件已过去了很久，但依然值得反思。很多人并不了解事情的真相，只是道听途说，便站在“道德”和“正义”的制高点上，认为自己手握真理和良知，对深陷事件中的无辜当事人，展开了尖刻的批判。殊不知，我们所看到的“真相”，有时只是事件的冰山一角。

丧失了独立思考的能力，就只会人云亦云，随波逐流。

现在社会中的很多年轻女孩，没有自己的人生观和价值观，看到短视频中火起来的网红，就觉得“当网红能赚钱”。接着，就开始攒钱或借贷去整容，试图把自己变成“网红”的模样，复制她人的成功之路。结果呢？“网红”当没当成不知道，欠下高额债务的却大有人在。

丧失了独立思考的能力，很容易犯“先入为主”的错误。

泰国短片《再也回不来的乞丐》中的店铺老板，每天早晨开门都会看到门前睡着一个脏兮兮的乞丐。乞丐被老板视为眼中钉，因为他不仅挡着店铺大门，还散发着臭气。所以，店铺老板每天开店的第一件事，就是拿水、扫帚、鸡毛掸子把乞丐赶走。直到有一天，老板打开门时，没看到乞丐的身影。又过了几天，他还是没回来。店铺老板翻看监控，看过之后，潸然泪下。

原来，乞丐每天晚上睡在自家店铺门口，会赶走很多不怀好意的人。难闻的气味不是他散发出来的，是路人在卷帘门上撒尿导致的，还是乞丐将其赶走的。乞丐失踪的前一天晚上，店铺遭遇了小偷，乞丐和他们打起来，在搏斗中被刀刺中。

无论是人云亦云、以偏概全，还是先入为主，都会削弱我们对事情判断的客观程度，是削弱我们独立思考能力的大敌。没有独立思考的能力，就很容易受到外部环境的影响，难以对一件事有系统的、深刻的认识，更难以表达出自己的独到见解。特别是在这个信息过剩的时代，我们随时都可以获取大量的信息，如果缺乏独立的思考，就会被大量的信息包围和困扰，难以决策和行动。

诺贝尔经济学奖获得者卡曼尼认为：大脑有快慢两条做决定的途径，常用的、无意识的“途径 1”是依靠情感、记忆和经验迅速做出判断的，属于快思考、直觉思考；有意识的“途径 2”是通过调动注意力来分析和解决问题，并做出决定的，属于慢思考、理性思考。

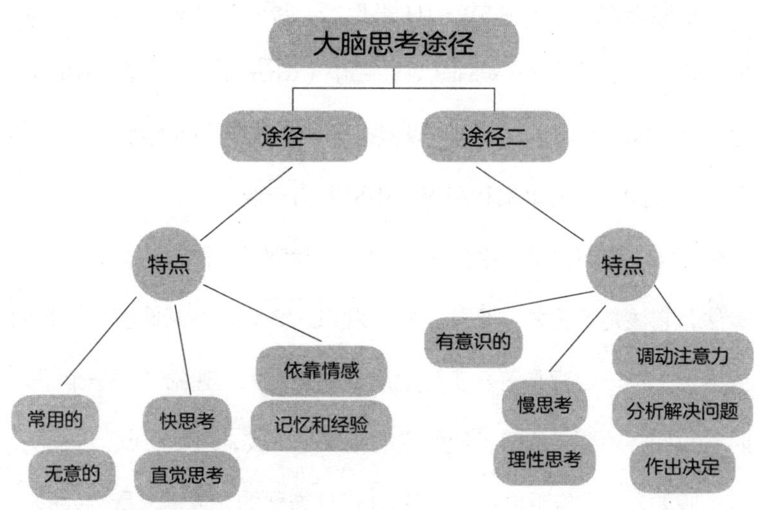


在这个信息爆棚的时代，我们很有必要通过有意识的训练，掌握不同的思考方式，学会多角度理性地分析问题。那么，具体该怎么做才能培养和提升我们独立思考的能力呢?

**·step1：深入理解问题，为意见找到根据。**

对于很多事情，如果我们理解得不够深入，就很容易停留在表面上，而不去探究事情的真实性，不经思考就得出结论或意见。人云亦云、网络舆论，多半都是这种情况。

那么，如何判断自己对一件事情真正理解了呢？

检验方法1——能够用浅显的话来解释清楚。

检验方法2——用5W-1H来反驳，即：谁（who）、什么时候（when）、做什么（what）、在哪里（where）、为什么（why）、怎么做（how）。这些问题可以根据场景来改变提问内容。

**·step2：分清事实和观点，不要混为一谈。**

事实，是可以被证明的陈述，无论我们对一件事持有什么样的看法，它该是什么样就是什么样。观点，是我们对某件事物的看法或感觉，不一定都是符合实际情况的。当别人传递给我们一个讯息时，我们必须要弄清楚，他所说的到底是事实，还是观点。

假如，有人告诉你："现在UI设计方面的人才需求量挺大的，做这个肯定赚钱。"在这里，"UI设计方面的人才需求量挺大"是一个客观事实，可"做这个肯定赚钱"却是对方的观点。毕竟，从事UI设计的工作者，薪资高低受多方面因素影响，不是所有做这一行的人都能拿到高薪。更何况，“赚钱”这个词语太宽泛了，没有一个固定的标准，很难衡量。

分清楚了何谓事实、何谓观点，就不会轻易被他人的言论左右了。

**·step3：养成提问的习惯，反思论述过程。**

很多不负责任的、武断式的结论，都是在表述自己的观点，而非陈述事实。所以，我们要养成提问的习惯，去反思论述的过程，看是否存在逻辑漏洞。

有人说：“某某做慈善，就是为了逃税。”这句话乍一听好像没什么问题，可仔细回味，却发现有些地方不对劲。说这句话的人，看似是在陈述“事实”，但这个事实是有漏洞的。

在他的推理过程中，悄悄设置了一个大前提，即“做慈善都是为了逃税”。然后，因为某某做慈善，所以某某就是为了逃税。他预设的大前提本身就是不成立的，因而结论也是靠不住的。只不过，他在表达的时候，没有把自己的大前提说出来而已。

独立思考，不是为了证明自己，而是为了不轻信、不盲从，保持足够的理性。因而，不要被先入为主的概念迷惑，要从正反两方面去思考，不轻易肯定，也不轻易否定。同时，还要多跟独立思考的人在一起，近朱者赤，会受到积极的、正面的影响。

# 生活中99%的悲剧，都来自错误的思考方式

## ——摆脱不合理信念的束缚

媒体曾报道过这样一件事：一位中国留学生在多伦多跳桥自杀，留下一双未成年的儿女和无助的妻子。这位留学生曾是高考状元，在国内一所著名高校取得硕士学位，被破格提升为该校最年轻的副教授。后来，他到美国进修，并获得了核物理博士学位。

怀揣着博士学位的他，移居到了加拿大。本以为美好的生活即将拉开帷幕，不料却迟迟找不到合适的工作。他认为可能是学历资格不够，于是就在多伦多攻读了第二个博士学位。学成后的他，开始四处寻找工作，但依然无果。沮丧的他，认为人生已无路可走，于是选择了自尽。

拥有双博士学位、在国外生活多年、有深厚的专业知识，他的条件比起那些没有任何技能、不懂英文的人要强百倍，多少后者都在国外找到了立足之地，而他却把自己逼到了死角，选择用死亡来摆脱现实的痛苦。

这样的悲剧在现实中并不少见，很多人难以承受生活的打击，患上了严重的心理问题。这期间，又没有找到合适的方式来开解，心结越凝越大，最后无力承担，只好走向极端。在学习心理咨询师的过程中，听过、见过大量的现实个案，虽然每个人心理问题的严重程度不一，但基本上都存在一个共性，就是被不合理信念缠绕，难以自拔，让自己饱受精神折磨。

什么是不合理信念呢？这是一个心理学领域的概念，简单来说，就是以扭曲、消极的方式进行思考，主要特征是：绝对化要求、过分概括、糟糕至极。

毫不避讳地说，这三种不合理的信念，曾经在我的脑海里驻扎过多年，让我沦陷在痛苦和纠结中许多年，现在把它们分享出来，也是希望更多的朋友能够意识到，**很多时候，阻碍、折磨我们的，并不是某件事情本身，而是我们对那件事的错误看法。**

· 绝对化要求

曾经的我，不懂也不敢拒绝他人，怕自己的回绝会让对方难堪，更怕别人对自己有意见。如果对方有一些不愉悦，我会感到不安和难过，担心是自己造成的。我很在意别人对自己的看法，特别是领导、同事、朋友、伴侣，哪怕是一点点略带否定性质的评价，都会困扰我。我希望所有人都喜欢我，也希望自己能够得到所有人的喜欢，不接受别人的否定，也不允许自己被否定。你能想象得到，每天小心翼翼地活着，甚至还要刻意去迎合他人，是什么样的体验吗？毫不夸张地说，别人的一个眼神、一句略带质问的话，都可能让我彻夜无眠。

· 过分概括化

我的原生家庭并不太好，算是一个有创伤的家庭，所以成长的环境并不理想。这种影响在我学习心理学之前，一直困扰着我。我会把自己的一些错误行为归咎于过去的经历，甚至认为这种影响是不可能改变的；也认为自己的不开心、不自信、不乐观，全都是因为过去的成长经历，我无力控制自己的痛苦与困惑，只能逆来顺受。

你能想象得到，带着这样的心态去生活，内心会有多么压抑、自卑和怯懦。就算有很多不错的机会摆在眼前，也不敢去争取，总觉得自己做不来；就算有很优秀的人追求你，也不敢接受，总觉得自己配不上。

**· 糟糕至极**

遇到问题的时候，我总是希望能够找到一个正确且完美的解决办法。如果找不到完美的解决办法，我会感到心烦、沮丧，甚至觉得整件事都没有意义了。我对自己的要求也很苛刻，希望自己各方面都是优秀的。如果有一项任务摆在我面前，哪怕它不适合我，我也非要强迫自己去做。否则的话，我就会觉得自己太失败，没有价值。

你能想象得到，一个类似强迫症的人，经常把自己逼到死角的那种难受和压抑吗？开篇时我谈到的那个自杀事件的主人公，也是把当下的感受和境遇当成了全局，把自己引向了极端的、负面的情绪状态中，难以自控。

**经常被不合理的信念包裹，是一种无谓的消耗。**那些年，我经常陷入消极的情绪中，对自己缺乏全面的、正确的了解，对很多事情的见解也是片面的，无端地浪费了很多时间。后来，我系统地学习了心理学，也认识到从前束缚自己的那些想法，都属于不合理的信念，是我看待事物的错误方式引发了大量的苦恼，而不是事物本身。

如果我们产生了不合理信念，并受其困扰，该怎么处理呢？针对这个问题，美国心理学家艾利斯提出了一个ABCDE模式，可以有效地帮助我们，从改变信念入手去改变行为。

A：诱发事件　B：信念　C：结果　D：驳斥　E：交换

Step1：梳理诱发事件（A），即任何引起紧张的情形。

Step2：整理出由该事件带来的信念（B），即如何评价诱发事件。

Step3：评估结果（C），即消极信念导致的消极行为，会带来什么样的结果。

Step4：驳斥（D），积极驳斥那些非理性信念。

Step5：交换（E），由理性信念带来的积极的新行为结果。

还以自己的亲身体验为例，阐述一下我是怎么利用它来改变那些不合理信念的。

· A——诱发事件：合作方对我的新方案提出了修改意见。

· B——信念：可能是我的能力有限。

· C——结果：我觉得自己不够好，思维不够灵活，可能也不太符合他们的要求。也许，我应该提出取消这次合作，以免太被动。

·D——驳斥：在整个沟通的过程中，他的态度是很诚恳的，也认可了我的一些想法，他应该是不太喜欢这种表述方式，而不是质疑我的能力。

·E——交换：我要打破现在的风格，重新找一些切入点，重做一份方案。

事情本身没有发生任何变化，但是改变了看待它的方式，就能对我们产生不一样的影响。但愿，我对自身经历和调整情绪方法的分享，能给你带来一些切实的帮助。

# 信息是死的，思维是活的

## ——用结构性思维解决问题

生活中，碰到什么样的人、什么样的事，比较容易让你起急？

针对自己的性格和偏好，我总结了如下几条：

**·第一，凌乱不堪的屋子，不会收纳物品的人。**

无论是长假还是短假，假期结束后的第一件事，我都会把房间彻底清理一番，作为开工前的一种仪式。每次大概需要半天的时间，但这半天的时间却能让我顺利地远离节后综合征。收拾房间的过程，就像是整理大脑里的信息，让我想到的全是和工作有关的东西，以及真正开始工作时要做哪些事、该怎么做。这个过程，就是提前进入工作状态的演练。

如果屋子特别乱，物品从不分类，随意堆放着，零碎的东西摆放得到处都是，我会感到特别厌烦，脑子里一片混乱，心绪也不安宁。面对这样的情形，我会很起急。

**·第二，说了一连篇的话，却不知道他想表达什么。**

有些人说话简单明了，直奔主题，逻辑清晰。比如，他会告诉你，想做一件什么事，想达到什么目的、已有的相关计划和配套资源……听完之后，你完全就能了解他的想法，并能够对这件事的可行性做出一个初步的判断。在工作中，这样的表达叫作有效沟通。

最怕的是什么呢？废了半天口舌，你也不知道他到底想表达什么？比如，有些人向上司汇报工作时，原本是碰到了棘手的问题，想寻求上司的意见，结果说了一大堆抱怨问题本身的话，根本没有按照“提出问题——分析原因——解决策略”的思路去汇报。说了半个钟头，上司还是一头雾水，根本不知道问题的棘手之处在哪儿。

碰到这样的人时，我也会很起急。

**·第三，审稿的时候，看到逻辑性混乱的文章。**

工作室的新手作者，经常会犯这样的错误：同一个问题，“车轱辘话”来回说。哪怕之前已经详细地讲过了思路和框架，他们也表示理解，可落到笔头上时，还是犯了错误。

哲学的三大命题，真的是解决很多问题的思路：是什么、为什么、怎么办。

写作也可以遵从这样的思路，比如：写一篇“过分追求完美会导致拖延”的文章，你首先得把“过分追求完美导致拖延”的现象，利用案例或论述呈现给读者，让人知道它“是什么”。解释清楚以后，就要分析原因了。为什么有些人非要追求完美，不肯容忍一点点瑕疵？这是什么样的心理症结？知道了“病因”，才能对症下药，给出有针对性的、有实用价值的解决方案。

按照这样的思路去写，文章读起来是很顺畅的。然而，逻辑性不清晰的作者，可能开篇就写了“过分追求完美”的现象，到了该解释原因和给出解决策略的时候，又重复说这种现象如何不好……整篇文章读起来非常烦琐。遇到这样的稿子，我会起急和发狂。

一个人的逻辑性清晰与否，跟其智商的关系并不大，主要取决于他有没有结构性思维。

什么叫结构性思维呢？下面有 14 个字母，你试着在 3 秒钟内看完并记住它们。

a e f b g j k d c i h n l m

能记下来吗？肯定很费劲，对吧？

现在我把它们的位置换一下，你再尝试着记忆一下？

a b c d e f g h i j k l m n

是不是一下子就能记住？

这就是结构性思维的原理：人处理信息的能力有限，大脑更偏爱有规律的信息。上述两组字母是一样的，但第一组字母是随机排列的，而第二组字母是按照 26 个英文字母的顺序排列的，结构上更有规律，更符合大脑的思维习惯。所以，我们记住第二组字母就相对容易一些。

在日常生活中，我们如何刻意训练自己的结构性思维呢？

这里提供两种方法：其一，自上而下建立结构；其二，自下而上提炼结构。

**· 自上而下建立结构**

在处理问题、与人沟通、撰写文章的过程中，如果我们能够建立一个框架，把零散的信息放进去加工整合，就能够得出方法与结论，这个框架就是结构性思维。

其实，这一方法我们很早就接触过，比如，在学习写作文时，老师讲过的“总分总”结构；解答数学题时，先求什么、后求什么的思路，都属于结构性思维的范围。

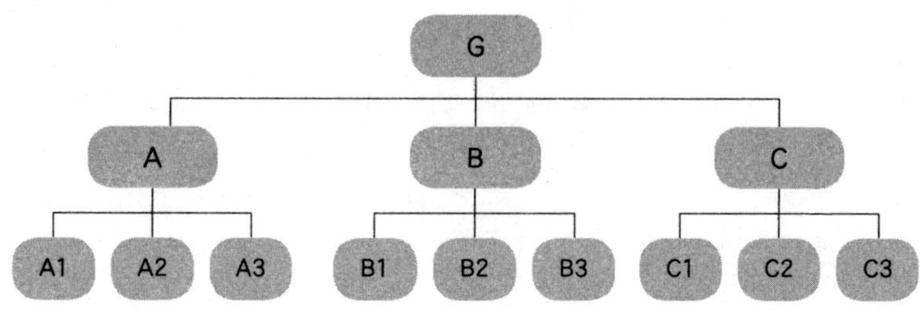


我对这个结构是比较熟悉的，因为每接到一个选题，第一步要做的就是整理框架。

书稿的名字，相当于框架的“论点”，而我要围绕这个“论点”，去整合相关的“论据”，继而形成书稿的大章节。大章节相当于“分论点”，有了它之后，再整合相关材料去补充信息，最后就形成了书稿的小节。就如前面所讲的，一个小节的名称确定了，还要按照结构性思维去撰写，从论点到论据，让它有条理地输出。

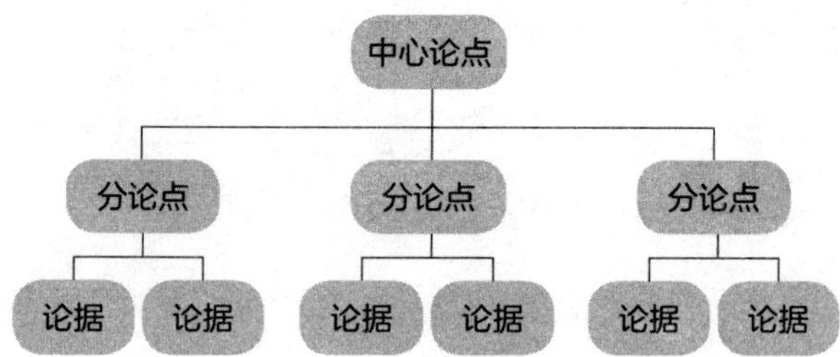

**·自下而上提炼结构**

自下而上提炼结构，是一个先发散再收敛的思考过程，目的是为了提炼出一个结构完整、逻辑清晰的框架，来帮助我们系统地解决问题、回答问题。

具体的操作方法是：

Step1：尽可能列出所有思考的要点。

Step2：找出要点之间的关系，利用 MECE 原则进行分类。（MECE 原则：相互独立，完全穷尽。对于一个重大的议题，能够做到不重叠、不遗漏地分类，而且能够借此有效地把握问题的核心，并成为有效解决问题的方法。）

Step3：总结概括要点，提炼要点。

Step4：补充观点，完善思维。

例 1：女孩 N 大学毕业后，一直纠结是去北京发展，还是留在离家近的小城市石家庄。对于这样的问题，N 就可以采用这种方法来帮自己理清思路：先将自己思考的要点罗列出来，对要点进行分类，最后提炼出决策。

例 2：周二，某公司领导预想在下午 3:00 召开一次会议，将此任务传达给总经办助理。但因为与会的人员各有公务在身，且时间

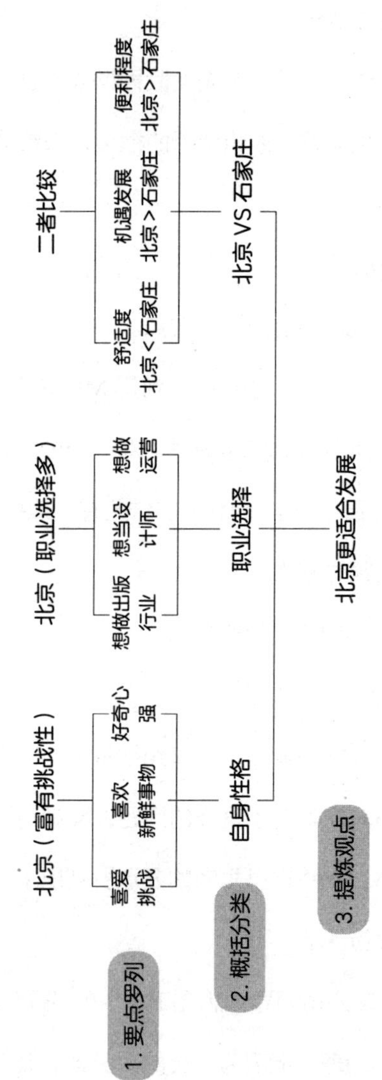
1. 要点罗列
2. 概括分类
3. 提炼观点
北京（富有挑战性）
喜爱挑战
喜欢新鲜事物
好奇心强
北京（职业选择多）
想做出版行业
想当设计师
想做运营
二者比较
舒适度
北京 < 石家庄
机遇发展
北京 > 石家庄
便利程度
北京 > 石家庄
自身性格
职业选择
北京 VS 石家庄
北京更适合发展

上有差别，总经办助理思虑后，把开会的时间安排在周四上午11点。她要怎样向领导汇报，才能说清楚这样安排的原因？

在这里，自下而上的方法就能发挥作用了。

罗列要点：

· W经理下午3:00不能参加会议。

· S说不介意晚一点儿开会，也可以放在明天开，在上午10:30之前不行。

· 会议室明天有人预定，但周四还没有人定。

· T明天要很晚才能回来。

· 会议定在星期四上午11:00比较合适。

概括分类：

· 明天（周三），T无法参加。

· 上午10:30前，S不能参加。

· 下午3:00，W不能参加。

· 周四会议室可用。

**提炼要点：**

·会议安排在周四，时间选择 10:30 ~ 15:00 之间，所有人都能参加。

在跟领导汇报时，总经办助理就可以这样表述："我们可以把今天下午 3:00 的会议，改在星期四上午 11:00 吗？因为这个时间点，T 总、W 经理和 S 都能参加，且本周只有周四会议室还没有被预定。您看如何？"

这就是结构性思维最主要的两种方法，没有优劣之分。在遇到问题的时候，你觉得哪种结构能表达你的思考脉络就用哪种。坚持一段时间后，你就会发现思考问题时更有逻辑性，说话也会更有条理。另外，运用这种结构化思维，你还可以搭建和构造自己的思维体系。

# 自证预言，看见未来的自己

## ——给自己一个正向的预言

那天，无意间看了一则《漫画佛学》，内容颇有深意。

**勿空**：师父，命运是可控的吗？

**无师**：是的，你基本会按照你所想、你所说和你所做的方式，来呈现你的命运。

**勿空**：嗯，您这是什么意思？我没听懂。

**无师**：换句话说就是，命运就是你自证预言的过程。

**勿空**：您的意思是说，我想什么、说什么、做什么，命运就会按照我想的、我说的或我做的来发展是么？

**无师**：是这样的，**你日常习惯的思维方式和语言行为，造就了你遇到问题时的处理方式。**比如，你整天抱怨生活太糟糕、环境太压抑、周围的人不值得信任，那么，你整个的心境就会陷入其中，即使有所好转，你也会觉得那不过是暂时的，而等事情真正变得糟糕，才会从侧面印证你是对的，于是对自己说："你看，我说的没错吧？"这就是自证预言的过程。

**勿空**：好像真是这样的，很多人喜欢整天抱怨，遇到什么事都会觉得社会对他不公，而往往他的生活，真的就如他所说的一般糟糕，于是也就印证了他所预言的正确。

**无师**：对的，可见自己的清净之心有多么重要，负面的情绪能够带来负面的生活；反过来，正知、正念也同样会被正态的生活所印证，所以我们都应该常常打扫自己内心的院子，让正知、正念充满自己的思想和言语。这样做以后，你会发现你的生活自然会印证你心里的预言。

这里提到了一个"自证预言"，它是心理学上常见的症状，意指人会不自觉地按照已知的预言来行事，最终令预言发生。

有些人自认为不是读书的材料，就算有时间也不会去温习，因为他们认定读了也不会懂，结果考试一塌糊涂，然后就对自己说：“我果然不是读书的材料。”有些人自认为跟某工作伙伴合不来，就会在不知不觉中挑对方的缺点：看他长得一脸奸诈相，总说一些阿谀奉承的话……越看对方越不顺眼，结果为了一点儿小事大闹一场，完全对立了，预言又实现了。

自证预言在现实生活中被频频验证，实际上是心理暗示造成的结果。人在对自己进行人事、了解的过程中，很容易受到外界的影响，从而在自我认知上出现偏差。这种自我设限如同魔鬼之手，在你想要释放潜能的时候，会一把抓住你，让你退缩。每件事都无法发挥到极致，积累下来，成功的概率就变得越来越小。

最糟糕的是，时间久了，它会让我们在心里默认一个“高度”，并用它来暗示自己：我是不可能成功的。为了避免失败，唯一的选择就是不去做。就这一“躲”，很有可能就让我们埋没了自己的潜能，画地为牢。

我第一次学跳舞，大概是四五岁的时候。当时，姑姑在一家少儿艺术学校做舞蹈老师，有空就会让我和年纪相仿的表妹压压腿，学几个舞蹈动作。表妹很机灵，学得特别快，而且喜欢在人前表现。和她相比，害羞的我就显得笨拙一些，其实我倒也不是做不来那些

动作，只是有点儿不好意思。

姑姑比较严厉，每次见我跳得不好，就训斥我。她越是说我，我越是放不开，最后姑姑干脆不让我跳了，说我手脚不协调，动作太僵硬，不适合做手脚配合的事。当时的我已经有了记忆，姑姑那番话，在后来的很多年里都没能从我心里消除。

上小学的时候，舞蹈队挑选学生，老师们都觉得我不错，可我偏偏不去，还找个借口跑到了歌唱团。上中学的时候，校篮球队选拔学生，有人推荐我去参加，可我心里还是觉得自己不行，心想着别人做三步上篮的时候都挺漂亮，到我这里若是动作僵硬，一定会被人嘲笑。当然，这件事我从来没有向别人说起过。

直到上了大学，我在宿舍同学的坚持下，报了一个健美操。一开始，心里别提多紧张了，总是担心自己手脚不协调，害怕跳得难看而被人笑话。可来都来了，硬着头皮学吧，不行再说。

或许是因为年龄大了一些，没那么害羞了；也或许是因为跟宿舍的同学比较熟悉，外加很多同学也表示自己从来没有跳过舞，我心里的压力便减轻了许多。老师教得很仔细，先分解动作，再慢慢地连接起来，我发现自己放开了之后，学得一点儿也不费力，而且动作挺标准的，老师也夸我跳得不错。

我第一次觉得，其实我是完全可以胜任跳舞这类活动的，我并非手脚不协调，我跳得很好。这些年来，我只不过是被姑姑那句话“束缚”了，那句话就像是一面围墙，我站在里面，看着跳得不完美的自己，认定了自己就是肢体协调能力差。长大后的我，摒弃了儿时的那股羞涩，鼓起勇气在墙内翩翩起舞，没想到那道墙就不攻自破了。

当然，这件事还没能让我彻底摆脱对自己的怀疑。大学毕业后，我去驾校学车，手动挡的。谁都知道，开车也是一件需要手脚相互配合的事。一开始，我和参加健美操时的情形一样，紧张得不得了，可到真的上车、开车、练习各个项目的时候，几乎每个教练都说我的车感不错，学得很快。可喜的是，所有科目我都一次通过，顺利拿到了驾照。

从那之后，我不再怀疑自己肢体协调能力差了，因为在“墙外”，我听到了不一样的声音，而且他们所说的跟我自己所认为的完全不一样。

当我们觉得自己能够做成某件事时，就会加倍努力地去争取，刻意找寻更多的正面讯息，从而提升成功的概率。当我们觉得自己无法做成某件事时，往往就会减少投入，甚至避免投入。哪怕勉强去做了，也会更多地关注过程中的难点，一旦遇到阻碍就很容易放弃，情绪也变得消极，并告诉自己："一切正如我所料。"

终其一生，人总会受到自证预言的左右。既然这个东西永远都在，那不如给自己一个正向的预言，多一点儿积极的暗示。不必从字典里把"不可能"的字眼剪掉，但要从心智中把"不可能"的念头彻底删除掉。做事情之前，不去想不可能，不去说不可能，不为不可能提供任何的理由和借口，彻底与它决裂，用充满希望和动力的"可能"代替它。

# Part 7 提升学习力，成为有价值的知识变现者

# 笔记做了一堆，还是什么都不会

## ——记忆 = 90% 的理解 + 10% 的背诵

F从去年开始，要求自己每周读完一本书，粗略算下来，一年至少读完了40本书。这个计划他已经坚持了一年多，执行力还是比较强的。可是，F最近却有点儿烦闷和纠结。

原因就是，F最初决定读书是为了提升自己，现在书读了、时间也花费了，可收获却没有想象的那么大，甚至根本感受不到自己跟之前有什么不同。他不禁有了疑惑：这样读下去，到底有没有意义？

**读书有没有意义，不取决于这件事本身，而取决于读书的人。**同样是一本《论语》，有人读了一辈子，连个秀才也考不上；宋朝宰相赵普，读了半本就能说“半部《论语》治天下”。要更好地解决问题、提升自身能力，知识的储备是根基。唯有不断地汲取知识，善用已经获得的知识，才能达成目的。可是，如何将看到的、学到的知识化为己用呢？这是一个难点。

F时常念叨：“看书的时候，我也做了一些笔记，把精华的东西都摘录下来了。”

其实，很多人都做过这样的事，包括我自己。现在，我的书桌上还有一个厚厚的本子，里面摘录了很多经典文章和书籍的片段。在写这些笔记时，我特别认真，所用的笔和墨都是优质的，也算是很有“仪式感”了。当时摘录的时候，对那些话记忆深刻，认为讲得甚有道理。

然而，现在再翻开来看，很多东西就犹如“第一次”看，脑子里竟然没有一点儿印象了，便不免感慨，当初的那些时间真的是浪费了。记在本子里的，只是表面上的记住，并不是真正的理解。

就像很多孩子学习古诗词，能够很流畅地背诵下来，却不知道这首诗讲的是什么，更不能理解它的意境。这样的学习，就只停留在背诵和记住的阶段。时间久了，不去复习，很可能就忘了。可如果你理解了一首诗的意境，并知道它是作者在什么样的处境下创作出来的、想表达的是什么，并产生了共鸣，纵然记不住全诗，但那两句最经典的诗词，你可能一生都忘不了。就如苏轼的那一句“一蓑烟雨任平生”，当你在遇到类似的情境时，很可能会想起它，想起诗人当时的处境，并将其内化为一种力量，鼓舞自己。

要把知识变成自己的东西，提高记忆水平，光靠死记硬背是行不通的。我们必须对记忆的内容彻底理解。什么叫彻底理解？就是把这个知识里最简单的东西和最复杂的东西联系起来，它强调的是过程，而不是结果。

高二那年，表妹的班里换了一个数学老师。这个老师挺有意思的，提出了一个奇葩的要求，让学生在课堂上记数学笔记。现在想来，他的初衷是好的，让学生在日积月累中，把一些经典的题型记录下来，复习的时候比较方便。

表妹的笔记记得特别清晰，字也写得整齐，可到了做题时却发现，同类型的题根本不会。她跟我念叨这些事时，我跟她一起反思原因，结果发现：她把 70% 的精力都放在做笔记上了，根本没有 get 到老师的解题方法。换句话说，她记住的就是笔记上的那道题，却没有理解最复杂、最重要的方法和思路。所以，一旦变换成其他题目，变了一种形式，她就辨认不出来了，也就不会做了。

意识到了问题，表妹就做出了调整。上课的时候，把大部分的精力放在听老师讲解上，重点了解解题的思路，课下再把这道题解一遍，并标注出重点。这样一来，笔记没有落下，也多了一重思考的过程。到了下学期，表妹的数学成绩有了大幅度的提高。

细想起来，无论是F还是我，读书的过程中做大量的摘录笔记，跟表妹在听课时侧重于记笔记，所犯的错误如出一辙。记录的时候，认为自己记住了，其实只是假象。记忆，应当是90%的理解，加上10%的背诵。花费在理解上的时间，一定要大于花费在背诵上的时间，这样的学习才是有效的。没有建立在理解之上的死记硬背，只会导致两种结果——

- 记得慢，忘得快。
- 记得快，忘得也更快。

现在，我在通过读书学习的时候，尽量不让自己在书上划重点，也不在读书的过程中做笔记，就是集中精力地去看、去读、去思考。看过之后，我会拿出一张纸，把自己记住的、领悟的内容，尝试着写下来。我不要求非得一字不落地写，只是去写重点和感悟。可即便如此，这个过程依然很痛苦，因为有很多东西会想不起来。

等把自己能够记住的，全部写下来之后，我再翻回去重新阅读。但这一次的阅读，就会针对自己记得不清晰的观点，以及没有完全领悟的东西，做到有针对性地复习。这样的过程，重复一两遍之后，基本上就能把一本书的主旨领悟了。

当然，光看别人写的东西是不够的，还得有自己的反思。特别是这两年对心理学的学习，更需要这个过程。比如，在书中看到了一些观点和分析，我就要思考：我在生活中有没有切实的体会？自己和周围的人，是否有类似的情况？能尝试用里面的哪些方法来处理？有了这样的思考之后，就能够根据一些理论上的知识，结合自身的所见所闻，撰写出相应的文章。

任何记忆都是以理解为基础的，没有理解的记忆是不存在的。看了多少书、学了多少知识不重要，重要的是我们理解了多少。纵观上述，整个过程就是一个“汲取知识——消化吸收——结合实际——知识输出”的过程。如果每读一本书、一篇文章，都能够完成这样一个过程，我们所看到的、学到的那些东西，才能够真正变成自己的东西，而不会被轻易忘记。

# 信息塞满脑袋，却无法解决问题

## ——建立自己的知识体系

那天，G 无意间打开自己的微信收藏夹，瞬间头大。

图片与视频、文件、音乐、笔记、聊天记录、链接，什么都有，完全像个杂货铺！虽然可以有选择性地挑选“链接”“笔记”，可内容最早可以追溯到 2013 年，最近的是几天以前，涉及的领域很广，杂乱无章。

让 G 更难过的是，许多内容再次翻看时，大多都没印象了。G 不舍得全部清空，觉得今后可能用得到，可这么多的内容，她又不知道该怎么整理。困顿纠结之际，G 发了一条朋友圈，分享自己的体会和感受，最后还感慨：“建立知识体系太重要了，今后必须要把收藏的内容分门别类！！！”

看到那三个“感叹号”，我能理解她对此前行为的深恶痛疾和悔意，但我也在思考：建立知识体系，就是把知识分门别类地收藏，建立各种不同的文件夹，方便下次找的时候能节省时间吗？恐怕不是这么简单。

**真正的知识管理，不是对知识进行管理，而是对头脑中的思考力进行管理。**阅读，只是漫长的学习之路的开端，但只是一味地积累知识，而不懂得把所学的东西融会贯通，形成自己的一套知识体系，也难有大的突破。

你可能也有过这样的体会：碰到一件棘手的事，千头万绪不知从何入手。当别人帮你把问题解决了，并告诉你解决问题的方法之后，你一拍脑袋恍然大悟，“哦，原来是这么回事呀！我以前也看过这方面的东西，可就是没想到……”

为什么会没想到呢？原因就在于，信息塞满了脑袋，但没能形成自己的知识体系，结果就成了“空有屠龙术，关键时刻找不到屠龙刀”。

所谓知识体系，就是把大量不同的知识点，系统、有序、指向性明确地组合成某种类型的知识架构。通过这个知识架构，我们可以更好地理解某些问题、解决某些问题。

用一个形象的比喻来说：知识体系就像蜘蛛网，把不同的知识点，有规则地联结起来，从而塑造出我们发现问题、理解问题的思维模式。就算忘记了其中的一些知识点，也不会丧失独立思考的能力，依然能够帮助自己有序地工作和生活。如果没有这个知识体系，那些碎片化的知识，就只能在具体的应用环境下发挥效用。一旦脱离了那个环境，就变得毫无用途了。

互联网时代很便捷，随时随地都能实现移动阅读，坐一趟公交地铁，读完两三篇文章是很轻松的事。可是，如果不建立自己的“知识体系”，接收的信息越多，就越可能丧失独立思考的能力，继而觉得“什么都对”，却“什么都不会”。

前同事 Lin 经常在微信朋友圈里分享“鸡汤文”：“这一生要成为有趣的人”“愿你的能力，配得上你的野心”……文章写得都很有道理，可连续看了 N 年的 Lin，至今依然活得很拧巴，生活和工作没有大的变化。原因就是，那些道理都是别人的。

你可以追求“有趣的人生”，但前提是你需要思考：何谓有趣？有趣的人生是什么样的？怎样打造出一个有趣的人生？你可以认同“能力要配得上野心”，但你还得去思考和学习，如何针对自己的实际情况，有效地提升能力？

知道，就只是知道，不等于理解，更不等于能力。不能最终转化成能力的知识，学得越多，越让自己信息过载、浪费时间、感受挫败。要避免这样的情况，就得在碎片化的信息时代建立自己的知识体系，保持深度思考，将知识内化成能力。

那么，该如何建立自己的知识体系呢？

**· Step1：明确学习目的**

既然是知识体系，自然是由大量的知识点组成的，因而对知识的输入量一定要足够广泛。如果知识量很少，就谈不上体系了。不过，这个知识输入不是随意看几本书那么简单的，而是要有针对性和目的性，你必须要明确下列这些事情：

· 为什么要学习这个领域？

· 将来打算如何应用？

· 它与你现有的其他知识有何关联？

思考这个问题的原因在于，我们必须知道自己学习的东西有什么用？如果没有明确的学习目的，甚至不知道将来有何用、能够解决哪个领域的问题，就难以产生内在的动力，也不容易理解和记住。

比如，前一段时间，我一直在学习“犯罪心理学”。目的就是，希望以后在撰写家庭教育类的文章时，能够让更多的家长意识到，早期的教养对孩子一生有很重要的影响。这部分知识，与之前学习的儿童发展心理学有很重要的关联，了解了这部分之后，能更深刻地理解早期教育的意义和重要性。

**· Step2：找寻已有的体系**

明确了学习目的之后，是不是就要建立架构了呢？不，这是一条弯路。

刚毕业时，我想做编辑工作，就找了一些和出版行业相关的书籍来看。时间花了不少，看的东西也不少，可最后记住的都是一些零散的东西，根本不成体系，到最后也不知道出版流程到底是什么。

由此可见，当对某个领域不了解时，靠自己搭建体系的选择并不理想，更有效的方法是，通过高质量的信息渠道，找到已有的体系。

我在学习犯罪心理学时，选择了柯特 · R. 巴托尔的那本《万千心理 · 犯罪心理学》为理论教材，它讲述了人为什么会犯罪、什么样的人容易犯罪、犯罪受哪些心理因素影响。之后，我又系统地看了利伯缇大学的犯罪心理学公开课，以及中国公安大学李玫瑾教授的犯罪心理学公开课。这样的学习很有趣，因为公开课里有很多案例分析，再结合理论的学习，会更容易理解。

**· Step3：形成自己的框架并填充知识**

当我们输入了大量的知识点后，就要反复梳理、加深理解，最终形成自己的框架。

就我而言，这个梳理的过程，就是反复地阅读思考和观看视频。同时，再查询一些对同一案件的不同犯罪心理分析。这样的话，对于某个问题的理解就既有了深度，也有了广度。此时，脑海中大致就形成了自己的一个知识架构。

有了知识架构，就相当于有了一个框架。接下来，就要在框架中填充知识了。我会把看到的与犯罪心理学有关的信息都记下来，然后将这些知识进行整理，分门别类，定期回顾。如果是很重要的知识点，也可以再把它记入到知识架构中，作为知识体系的一部分。借助这样的方式，即便是一些碎片信息，也能够进入到知识体系中。

**· Step4：知识与问题联结**

有的人知识学了不少，遇到问题的时候没思路，想不起去用。有的人学了一个知识，就能举一反三用到不少地方。两者之间，是不是存在智商的差别?

其实，绝大多数人在智商水平上相差无几，对于上述这种情况，最主要的原因在于：前者的知识与问题之间是脱节的，而后者却能够把知识和问题联结起来，也就是说，他们看到知识时会思考问题，遇到问题时会到知识体系里去找解决办法。

**·Step5：向他人分享知识**

学到知识以后，不妨在合适的场合，多向他人分享自己所学的知识。

知识的输出，比知识的输入更难。分享知识需要组织语言，组织语言的过程就是整理思路的过程。如果你不能顺利地组织语言，就需要思考一下：自己的知识是不是不够系统、不够全面？只有经历了这一难关，才更能对自己掌握的知识程度，有一个大体的了解。

在分享知识的过程中，遭到他人质疑，以及多角度的询问，是不可避免的。被“问住”是一件好事，它能让我们借助旁观者的力量，改进自己的知识体系。与此同时，在交流和切磋中，可以进入到对比思考的状态中，这对知识体系的构建也是有利的。

总而言之，当知识体系的大楼建造起来后，你会惊喜地发现自己站在顶端，看得比从前更远了，想得比从前更全面了。这，恰恰是我们通往更高层次的必经之路。

# 靠意志力的坚持，完全是在自虐

## ——依靠科学的方法，培养新的习惯

在减肥的路上，走过“山路十八弯”的人，肯定不在少数。

我就是其一，说说我在过去的几年里栽过的那些跟头吧！

我心里很清楚，想要减肥成功，不管用什么样的招数，最后的落脚点都是一个：消耗＞摄入。为了早点达成目标，每次减肥初期，我都像打了鸡血一样，严格控制饮食，告诉自己：这个不能吃，那个不能碰……晚上睡觉前，饥肠辘辘，还安慰自己为了明天的“轻一点儿”，要忍住今天的“饿一点儿”。

为了让体重掉得快一点儿，我试过“断碳水”的方法：早上吃2个鸡蛋，中午吃蛋白质（鱼、鸡肉、牛肉、虾任选一种），晚上只吃一个苹果或一份圣女果。这样坚持了 20 天左右，果然掉了 10 斤肉，但副作用也很明显：整个人萎靡不振、郁郁寡欢，想来是没有碳水的摄入，大脑也不开心了。

减掉 10 斤肉后，我开始逐渐加一些其他的食物，但还是不敢去碰碳水类的东西，总觉得它就是减肥路上的豺狼虎豹。短时间内还能够靠意志力坚持，但 1 个月过后，我就在压抑中“爆发”了。看到米饭、面包、蛋糕、糯米这样的食物，我几乎完全丧失了抵抗力，假装用“欺骗餐（连续吃几天低脂低能量的饮食后，让自己放纵一次，吃一顿高能量、高碳水化合物的美食）”安慰自己，让自己吞下 3 个粽子、1 个面包、半碗米饭……我心里很清楚，人家的“欺骗餐”根本不是这样的吃法，是我自己在为放纵和补偿心理找借口。

一顿“欺骗餐”吃完，下一顿还想吃。渐渐地，我又回到了过去那种饮食方式，减掉的 10 斤肉，很快又华丽丽地回涨。这时候心情是很焦躁的，一方面着急恐惧；一方面悔恨自责，觉得自己太不自律，意志力太差。

后来，我无意间了解到一个事实：潜意识是无法接受否定字眼的。当你告诉自己“千万不要去想一头粉红色的大象”，出现在脑子里的，往往就是一头粉红色的大象。当你告诉自己“千万不能碰碳水”，大脑对碳水化合物的渴望，会比之前强烈很多，你会愈发想要去吃那些高碳水、高热量的东西。

在此之前，我一直认为，完成一件艰难的、长期的任务，只能依靠强大的意志力。这也是不少鸡汤里讲过的——“有些事不是有希望才坚持，而是坚持才有希望”。可现实却扇着耳光告诉我：**要坚持一件事，不是仅靠意志力就能搞定的。**

更糟糕的是，过分看重意志力的话，还会引发严重的自我否定心理。我们很可能会无意识地产生这样的想法：我坚持不下去了，这是事实，它证明了我不是一个有强大意志力的人，这也注定了我无法达成目标。就像我无法抗拒碳水化合物的诱惑时那样，我对自己失望透顶，认为这辈子就只能胖下去了，谁让我控制不住自己？谁让我意志力太差呢？

事后，我又开始反思：我已经做了 6 年的自由职业者，加之运营自己的公众号，几乎每天都在写东西，如果说我的意志力真的很差，那又是什么支撑我坚持至今呢？我想了想，总结出了 3 个关键词：目标、方法、习惯。

目标，就是我一直想从事与文字相关的工作，这是我的人生方向。所以，我选择了撰稿的职业。减肥，同样也是目标，变瘦变美就是一个很强的动力。虽然减了那么多次都没成功，可还是没能断了念想，总在不断地尝试和挑战。所以，就目标而言，减肥和写作没什么差别，都有一个好的结果吸引着我，让我不断追寻。我想，问题不是出在这里。

方法，就是为了获得某种东西或达到某种目的，而采取的手段与行为方式。踏上撰稿的职业道路之初，我也是“小白”的状态，随着不断地学习和实践，慢慢了解到，如何策划选题、如何拟定提纲、如何撰写文章，都是有方法和逻辑的。在日复一日的坚持中，方法在不断改进，能力在不断提升，才让我一路走到现在。

反观减肥这件事，我在方法上就栽了跟头。无论是“断碳水”，还是单一饮食，这些方法都过于极端，很难长期坚持，即便是坚持下来，也是有损身体健康的。之后，我跟随一些提倡健康减肥的App软件，学习了科学减肥的方法，如三餐的搭配、食材的选择、运动的方法等，给我后来的减肥成功提供了有力的保障。

最后要说的，也是最重要的，就是习惯。我从初中开始，就有写日记的习惯。无论心情好与不好，或是遇到什么样的事情、有什么样的感慨，都会诉诸纸上，把它写下来。再后来，无论是工作还

是生活，写作都已经是不可或缺的一部分了。

减肥，减掉的不仅仅是体脂，更重要的是减掉那些不好的生活习惯，养成更好的饮食方式和运动习惯。相比健康饮食，运动习惯的养成，其实是更困难的，也比较痛苦。我一开始给自己制订的计划是——每天运动 1 小时，可以是有氧运动，也可以配合一些无氧运动。看似时间不长，可要执行起来，还是会有一个纠结的过程：今天几点开始运动？能不能下班再运动？今天有点懒怎么办？

纠结，本身就是一个内耗的过程，它在消耗我们进行某项任务的能量。为了减少纠结与内耗，我特意把运动的时间安排在了早晨起床后。这样一来，最不喜欢、最痛苦的事被放在了第一位，把它完成之后，剩下的一天就不用再惦记了，也不用再纠结了，省了不少心思。

与此同时，我也不再每天跟自己强调："必须一个月瘦下 ×× 斤"，心理压力减轻了，不逼迫自己了，反倒容易坚持了。每天吃健康的、少加工的食材，早起运动 1 小时，不再强迫自己戒掉碳水类食物，想吃什么就少量地吃一点儿……不知不觉，竟然就坚持了半年，而体重也神奇地减掉了近 30 斤。

养成了健康饮食和运动的习惯后，如果有两三天的时间，饮食上不太注意，身体会感到很沉重，高盐高油的东西也会让我的身体浮肿，整个人会很不舒服。这个时候，已经不需要强迫自己去戒掉什么食物了，自然而然地就会想吃一些“干净”的东西，让身体恢复到一个舒适的状态。运动也如是，几天不动的话，全身舒展不开，就想拉伸一下、跑跑步、出出汗，找回那种充满活力、神采奕奕的状态。

有过上述这段经历和反思后，我终于意识到：想要完全坚持一件事，仅凭意志力是不太可能的。毕竟，人有趋乐避苦的本能，大脑最基本的原则就是，能避开痛苦就避开痛苦，能选择舒服就选择舒服。从这个意义上来说，靠意志力的坚持，完全就是在自虐。那些我们长期在做的事情，更多的都是依靠习惯坚持下来的。习惯的力量有多强大呢？它可以让大脑形成依赖，同时将逻辑等其他一切排除在外。

如果你还在为“无法坚持运动”“无法坚持背单词”“无法坚持每天读书”等问题感到自责和羞愧，我劝你还是别折磨自己了！越强调意志力，你就越难以坚持，因为这个东西是有极限的，绷得太紧就会断掉。认清楚你要做的这件事有什么意义，给它安排一个固定的时间，什么也别多想，按部就班地去执行，去感受它带给你的正向反馈。时间长了，它就被内化成习惯了。到时候，坚持就是水到渠成、顺理成章的事了。

# 有愉悦感的学习，才容易持久

## ——建立行为与快乐的反射

每逢周末，姐姐都会陪家里的小宝到美术班上课。

小孩子很有意思，家里有画纸、画笔、颜料，可她平时并不怎么画。即便是老师布置了作业，一幅画也得画两三天才能完成。可在美术班里，一个多小时就能完成一幅画，而且画得很认真，全情投入。

有一回，我问小宝："你特别喜欢上美术课吗？"孩子扭过头，瞪着眼睛跟我说："是呀！我在家画不出来，只有在美术班才能画出来。老师说了，完成10幅画，还有礼物奖励呢！你说，到底是什么样的礼物呀？"

我笑了笑，说：“我也不知道，还是等着老师给你惊喜吧！”

虽然是跟孩子的一次简短对话，但里面却透露出一些有价值的东西：孩子每次上美术课，都能够在老师的指导下完成一幅画，这些画是他在家里无法独立绘制出来的。一节课下来，看到自己画出来的、有模有样的作品，内心的成就感和愉悦感，会给他们增加一份自信。这种愉悦的体验和正向的反馈，也恰恰是让孩子愿意学习美术、萌生内在动力的根源。

不只是孩子，成年人的学习也如此。学习好比让一辆车往前走，前面让人拽着可以缓慢地走，后面被人推着也可以慢慢地挪，但这两种力量都是外力，当所有外力停止后，车子就不走了。如果利用车子内在的驱动力，让它自主地动起来，就算不拽不推，它也能稳步前行。我们要做的，不是完全驱逐外力，而是结合外部的力量，想办法撬动内驱力，建立愿意学习、主动学习的循环。

之前我们谈到过，要把一件事坚持下去，靠意志力是很难的，从一开始它就给了我们一个暗示和假设：这件事是很痛苦的，我不想做，所以得靠意志力。学习也是一样，如果我们想靠意志力去完成，结果就是：人在埋头看书，心里却在念叨：“等我看完这本书，等我考完这场试……我就能去逛街、追剧、刷抖音了。”

言外之意，学习是痛苦的，是一种牺牲，逛街、追剧、刷抖音才是愉悦的。带着这样的心理，每次在学习的过程中，大脑内部与痛苦相关的区域都会被激活，然后就促使着我们把注意力转向那些不痛苦的事情上，如看电影、发朋友圈、购物等。

时间久了，大脑就建立起了一个稳定的神经结构：拿起书本就犯困，做 2 道题就难受，时不时地就把手机打开，随意浏览几下，这些习惯性的动作你可能自己都意识不到。所以说，想要撬动内驱力，关键是在学习和愉悦之间建立反射，即让学习变成一件快乐的事，给大脑重建一个稳定的神经结构，一想到学习就能产生美好的、喜悦的感受。

听起来很美好，可怎样才能实现呢？

我们不妨思考一下：如果让你做一件事，长期去做又很快乐，你认为会是什么样的事？每个人给出的答案可能都不一样，但多半都包含这三点要素：感兴趣、能做好、有价值。这些东西放在学习中，同样适用。

· 感兴趣：你对学习本身，或学习的内容有兴趣。

· 能做好：你能把要学的东西学好，产生成就感。

· 有价值：你能从学习中获得价值。

这三者是融会贯通的，如果单纯只是喜欢一件事，而不能带来成就感和价值，很可能越学越受挫，难以持续下去；如果完全没有兴趣，就算知道它是有价值的，也不愿意去学。只有既喜欢，又擅长，能学好，体会到其价值，才能形成一个良性的循环。

大千世界，我们不懂的东西太多，感兴趣的东西也太多，都学习不太现实，毕竟时间和精力太有限。因而，就得有选择性地学习，去挖掘那些有价值的、能坚持的学习内容。

**· Step1：按照现阶段所需去学习**

我们学习的东西，一定要是现阶段需要的，最好能有一点儿紧迫感。如果压根儿都没有机会用到，学得再好也是枉然，没有用武之地的学习，必然会丧失价值。

我认识的一位咨询师朋友，她在学习心理学的同时，也在学习瑜伽。她觉得，瑜伽中的冥想与心理学中的正念，有共通之处。她自己的体会是，在调节心理和情绪的同时，配合身体上的刻意训练，能够让那些被压抑的情绪在身体里自然流动。

这样的学习就体现了“现阶段所需”的特点，且是即学即用的。

如果我们学习的内容，对将来很有用，而现阶段却又看不太出来，那就需要自己创造一个短期价值场景。比如，我这段时间对逻辑和思维方面的内容很感兴趣，而又难以在短期内看到学习效用，我就要求自己每天在微博上写一些总结、反思和应用的方法，读者的反馈能给我带来价值感和成就感，让我也乐于把这方面的学习坚持下去。

**· Step2：学习的内容要在“学习区”**

我们开篇就讲过，有效的努力和提升自我，需要在“学习区”内学习。也就是说，学习的内容不能超出过往经验太多，否则就跳到了“恐慌区”。那样的话，不仅学起来费劲，而且很难看到价值，很难产生成就感。

打个比方，你让我现在去学习金融知识，这与我的生活、工作相差甚远，我完全处在“一窍不通”的状态。更重要的是，我现阶段不需要这方面的专业知识。因而，这样的学习对我来说，既枯燥无味，又充满挑战，还难以带来价值和成就感。

**· Step3：调整对学习的态度**

心理学上讲，不值得的事就不值得做好。当你心里对某件事物产生了抵触和排斥的情绪时，那就不可能竭尽全力地去做，被动地、

机械地、麻木地学习，必会感到厌烦。你对待学习的态度，直接决定着你最终是否能够喜欢它。因为，人的兴趣不是一成不变的，很多人最开始并不喜欢一样东西，却依然能保持一颗沉稳的心，坚持“爱我所做”的信念。然后，在投入的基础上，获得了价值感和成就感，因而萌生了兴趣与热爱。

**·Step4：找到适合自己的方法**

个体之间是存在差异的，这与先天遗传、后天经历有关，因而在认知方式上都有自己的特点和习惯。有人善于思考，有人善于行动，有人喜欢独自总结，有人喜欢多人探讨，这些都是受天性影响形成的学习风格，很难调整。风格只有不同，没有好坏之分，适合自己就好。学习，原本就是“找到适合自己的方法—坚持—突破”的过程。

这就牵涉到“元认知”的问题，即对于认知的认知。要知道，学习力强的人，往往都很清楚自己的学习风格，能够明确优劣势，不断调整学习方法。我们还可以这样理解，元认知是学习背后最重要的一种能力。

那么，元认知能力强的人，在学习上有什么技巧呢？

· 筹划：对即将开展的学习行动进行策划，如明确目标、回忆相关知识、选择解决策略、确定解决思路等。

· 检测：对学习活动的进程和效果进行评估，对学习的效果做自我反馈。在学习中期，要监督自己学习的进展、检查有没有什么错误、思路是否可行。在学习后期，要检测学习效果、效率，看看是否完成了既定任务，总结收获、经验与不足。

· 调整：依据检测得到的信息，修正和调整自己的学习方法，如排除障碍、调整思路，这一点要贯穿学习的全过程。

真正能够持续且有效的学习，一定要跟愉悦、成就等积极的体验挂钩，在学习的过程中感受到快乐。只有这样，才能够把学习变成一生的习惯，长久地坚持下去。

# 什么样的人，最容易被社会淘汰

## ——成功跨界需要迁移能力

一个听起来很简单的问题：学习，到底是为了什么？

可能有人会这样说："就是为了拓展知识面，书到用时方恨少，有备无患。"

这种回答没错，但问题在于：是不是学了知识，就能派上用场呢？万一那个领域发生了变化怎么办？有些人一直在学习，可工作没长进，生活没变化，依然还是老样子，这怎么解释？还有一些人，没见他刻意学习太多额外的东西，却依然在事业上平步青云，从小职员做到了职业经理人。更有甚者，在三四个领域内穿梭，且水平很高，他们一定是比别人更勤奋、学的东西更多吗？

看，简单的问题，是不是瞬间变得复杂了？

其实，这些问题都在指引我们思考：如何在这个不确定的时代，在有限的时间和精力之下，成为一个不会被轻易淘汰的人？答案就是：学会能力迁移。

我们经常会听人念叨：×× 是一个特别有能力的人。那么，何谓“能力”呢？它指的就是，做成一件事的一系列知识技能，其核心分为三个部分——知识、技能、才干。

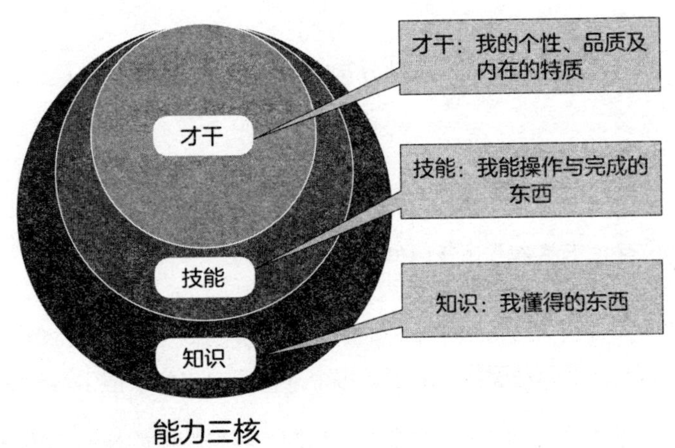


能力三核

· 知识：是指某个领域的专业知识、概念、做事流程，通过学习记忆得来。比如，我们看过的书、了解的工作流程、所处行业的知识等。简单来说，就是“我懂的东西”。

·技能：是指通过训练能够熟练操作和完成的一系列动作。比如，写作、英语、时间管理、结构思考、谈判能力等。简单来说，就是“我能操作和完成的东西”。

·才干：是指通过大量练习，内化到无意识使用的一些技能、品质与特质，是天赋与后天刻意练习混合内化形成的。比如，乐观、幽默、决断力、洞察力等。简单来说，就是“我的个性、品质和内在特质”。

能力，就是由上述三个部分构成的，在这三个部分中：

·越往上越容易迁移，但比较难学到。

·越往下越不易迁移，但比较容易学到。

知识，永远是隔行如隔山，每个人都可以去学，但学习的深度不同。通过对知识的学习和掌握，我们会获得相应的技能。知识的深度和实践的操作，最终导致有人技能熟练，有人技能不熟练，相应地也就拉开了能力差。那些知识研究得透彻、技能又十分娴熟的人，往往在实践和积累中，形成了独一无二的特质，这种才干是很难学到的。

举个例子：A和B两个人看了同一本有趣的书，接触吸纳的知识是一样的，都记住了许多有意思的段子，并且都能够把自己吸收到的东西通过言语讲出来。但是，在表达技能方面，A只是简单地复述，讲得比较枯燥；B讲得饶有趣味，让人开怀一笑的同时，又记住了知识。因而，B带给他人的印象就是富有幽默感的，而A带给大家的印象就是平淡无奇的，这就形成了不同的特质，也就是才干。

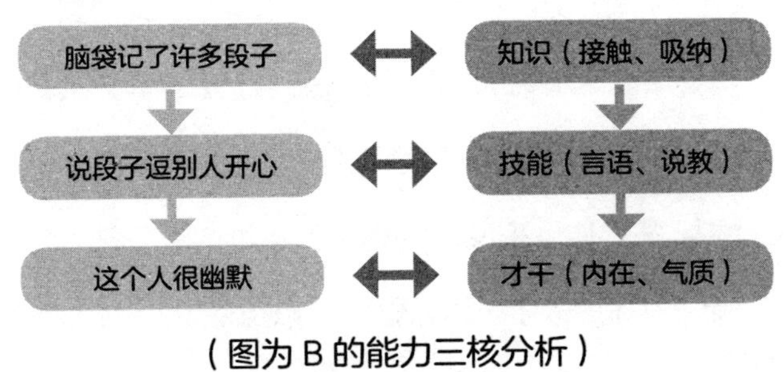


（图为B的能力三核分析）

在能力的三核中，知识可迁移性比较小，毕竟隔行如隔山，要掌握的话都需要一个学习的过程。但是，技能可以在不同职业、领域间迁移，才干也可以在生活、工作等各个方面延伸。

还以B为例：他具备良好的语言组织能力、表达能力，同时又富有幽默感，当他系统地学习了某一方面的知识后，他同样能把这些内容用幽默风趣的方式表达出来，讲解给别人听。过去，他可能就是一个普通的小组长，给组员进行培训；当他能够把更多的知识内容分享给特定的人群时，他就跨界成了一名讲师。

所以，我们看到的那些在不同领域穿梭的人，不一定比别人勤奋或具备更高的天赋，而是他们在重新学习知识后，把技能和才干进行了迁移。包括那些从基层业务员晋升为 CEO 的平步青云者，同样也如是。

外人看到的表象是，业务员够努力、业绩好，才得到提升。殊不知，这两个职位是有共通之处的：做业务员要向客户销售产品，做 CEO 要向合作方售卖商业理念、向员工销售愿景、向投资人销售商业计划。从本质上来说，CEO 和业务员这两个职位的可迁移度很高，除了具体的工作内容有变，至于沟通能力、统筹能力以及个人魅力，都属于可迁移的能力。

苏霍姆林斯基说过：“**一个人去上学，不仅是为了取得知识，主要是获得聪明。**因此，我们主要的智慧努力不应用在记忆上，而应用在思考上，我们必须让学生生活在思考的世界里。”这里说的思考就是，不必一切重新来，能力是可以组合和拆分的，把拆分出来的技能与才干，迁移到新的领域继续修炼，就可以给自己开辟出一条新的路。

近一年来，我的公众号处于文章转型的阶段。过去，读者看到的文章就是暖心的情感励志类，而现在看到的文章大都偏向于心理类。原因就在于，近两三年我一直在学习心理学方面的知识，它扩大了我的知识领域，但写作的技能、暖心的笔风、易感的能力却都是过去日积月累形成的，并不需要去重新构建。所以，在分析同一部电影、同一个事件时，只要切换到心理学的视角，侧重去分析人的心理、形成原因、解决策略，就能够形成一篇心理类的文章。整个过程，主要的难点就在于对知识的学习，而技能与才干只要迁移过来就可以了。

人生的每一步路都是算数的。只要你曾经在某一个领域深耕过、练习过，你提升的技能和才干就不会白费，很可能在未来的某一个阶段，它们就能够迁移过来，成为有效的助推力。事实上，越往上走，运用的能力和才干就越接近且越熟悉，至于底层的知识，是可以快速补充的。有了这样的认知，具备了技能与才干的迁移能力，就不会那么畏惧外界环境的变化了，也不会让自己轻易被社会淘汰。

# Part 8

## 就算一个人，也要活得像一支队伍

# 成为自由职业者，就真的自由了吗

## ——自由职业者的N个真相

经常有读者留言："很羡慕你的生活状态。""我也想做自由职业者，能给我一些建议吗？"每次我都会追问："你心中的自由职业者，是什么样子的？"

当我把所有的答案串联在一起，就构成了这样一幅美好的画面：

不用朝九晚五地坐班，可以肆无忌惮地睡懒觉；不用早起挤公交地铁，有时间准备一顿精致有情调的早餐；不用节假日去景点凑热闹，想出去玩儿的时候拔腿就走；心情好了就工作，情绪跌了就追剧、逛街、看电影，天马行空，随心所欲。

多好啊！连我这个自由职业者，都开始憧憬了。可说实话，这些画面只是我生活中很小的一部分，或者说是偶然会发生的情景，绝非常态。不然的话，此刻的我应该在看美剧，或在商场里买新款春装，或在武汉大学赏樱花，而不是在房间里吭哧吭哧地码字。

多少文艺青年都梦想着开一间咖啡馆，有音乐、有书籍、有美食、有咖啡、有猫咪，岁月静好，情调悠长。可是咖啡店的老板告诉我，那是客人的心理感受，不是他的。自由职业就好像那间梦幻的咖啡屋，看的人总想也开上一间，真正给你了，岁月静好就成了“压力山大”。

小小是我旅行中结识的朋友，她原是公司文员，辞职后开了一家淘宝网店。她转行的目的很简单，就是不想受约束，渴望自由。新鲜期过后，她就有点儿后悔了，这份工作太没有安全感了，有一单没一单的生意，日夜颠倒的生活作息，巨大的生活压力，按月必缴的社保费用，这份“自由”跟当初预想的太不一样了。那次旅行结束后，她就关闭了淘宝店，重新回归到朝九晚五的上班队伍中。

当你成为自由职业者的那一刻，机会和风险全要独自承担。**任何一份自由的背后，都有别人看不到的代价。**想成为一名自由职业者，离职前有几个问题你必须得慎重考虑：

**第一，能否获得家人的支持。**

和我同行的L，从北京离职后回到河北老家，原本也想做自由撰稿人，但短期内没接到合适的稿件，没收入，父母就着急了。二十六七岁的小伙子，整天在家里转悠，一分钱不赚，到底有没有谱啊？家人的絮叨、街坊四邻的议论，让L忍无可忍，最后又回到北京，找了一份安稳的工作。

**第二，是否有足够的经济储备。**

你也许会问，L在北京不能做自由撰稿人吗？可以，但前提是，有足够的金钱储备。

在北京，租房、吃饭、水电费、网费，每个月支出起码2000左右，这还是最少的。自由职业者的收入不固定，以撰稿来说，回款是有周期的，通常要等书稿出版后3个月才能结算，整个周期最快也要半年。这就意味着，半年的时间里，只有支出，没有收入。期间若有意外情况，你也要随时拿出钱来应对，包括社保缴纳等，都要考虑。

在这方面，我算是占了一个便宜，离职后就结束了租房漂泊的日子，和父母在一起生活。解决了租房和吃饭的问题，摆脱了巨大的压力，加上以前上班时攒的钱，也可以贴补日常家用，才得以帮我渡过最艰难的头一年。

**第三，是否做好了充分的心理准备。**

选择自由职业者，就要彻底告别过去的一切。原来你在公司坐班，周围有同事和领导，每天按时打卡，每周开例会探讨……离开了那个环境，不再有领导给你安排任务，也没有同事与你朝夕相处，更没有人督促你打卡，你一个人就是“公司”，就是领导，要应对一切工作事务，所有决策都听你的，没有人可以商量，且很可能要长期处于这种状态中。面对这样的变化，必须要学会自我调节。

**第四，身体状况能否承受工作压力。**

没有好的身体，什么理想、奋斗、自由，统统都跟你无关了。有些专门跑业务的自由职业者，每天都要开五六个小时的车，去不同的地方，非常考验身体的适应能力。伏案工作也一样，如果肩周或颈椎不好，折磨得你 1 分钟都坐不下去，怎么工作?

**第五，有没有一技之长。**

没有相应的技能，贸然选择自由，靠什么来养活自己？我认识的一些自由职业者中，有的是代理会计，专门给一些小公司做账，同时能接几个 case；有的是封面设计，能做图书杂志，也能做广告传媒；还有的是培训师，给一些教育机构或企业做演讲培训；也有手艺人，技艺精湛的木匠。总之，你得有一门技术，且技艺要精湛，不然的话，很容易被同行取代。

我是靠码字吃饭的，但真的不只是大家看到的那几篇随笔散文，我的主打职业其实是图书撰稿人。从入行到现在已有 10 年了，厚着脸皮说的话，也算是术业有专攻的女匠人。至少在图书撰稿方面，积累的经验、出版的作品，得到了合作者的认可，能不断地收到约稿，才得以让我维持现在的“自由”。

**第六，有无超级强悍的自律性。**

这是一个非常重要的话题，也是通往自由的唯一之路。

回到我们开篇时说的画面，如果自由职业者总是那么随心所欲的话，那么很快就会失业了。没有人约束你，没有人监督你，可你自己心里要有一个日历表和时钟，近 10 天要完成哪些事，具体到每一天该如何安排，每天几点起床、几点开工、几点休息。你必须有一个计划，还要坚定地执行。有人中途约你出去玩儿，你能不能经得住诱惑，安心做事？

当你想象着，今天没干完，明天补回来；白天出去玩儿，晚上熬夜加班，那么很快你就会陷入萎靡不振、郁闷崩溃的状态。一是生物钟会被打乱，你的精力、体力不支；二是事情越积越多，心理压力骤增，会手忙脚乱。

不要错误地想象，自由职业者经常去旅行，他就一定比你自由，可能他在旅行前的 1 个月，牺牲了所有的休息时间，把旅行期的任务按部就班地搞定了；别以为他今天睡到了日晒三竿，就认为这是常态，或许他为了这次懒觉，上周多工作了一整天。偶尔的破例，谁都会有，但那不等于惯性。

在不了解一件事物的时候，难免会被它的神秘感吸引，可现实未必和想象的一样。人生是平等的，月月拿稳定的工资，就得接受朝九晚五的定点约束；想要自己创业或做自由职业者，就要自行承受风险和压力。谁也不用羡慕谁，因为奋斗的路不管怎么选，都不会太容易。

工作的形式不是决定自由和快乐的关键要素，工作的能力和成就才是根本。多少坐班者拼成了优秀职业经理人，又有多少自由职业者被迫重新回到职场中，若只是为了摆脱束缚而想成为自由职业者，那其实是一种逃避。告别了朝九晚五的工作模式，不等于获得了解脱。哪儿有绝对的自由呢？不过是代价不同罢了。想活成喜欢的样子，总少不了努力和辛苦。

人生，时时处处都是修行。工作外的时间，更考验一个人的自我管理能力。自由职业者的时间大部分都是需要自行安排的，要销

售自我、洽谈业务、撰写方案、优化产品、自我学习，你是唯一的老板，也是唯一的员工，怎么筹划、怎么执行，全靠你一人来办。

如果你具备一技之长，积累了一定的客户资源，也做好了“迎接不稳定”的准备，并能够自觉地管理好自我，耐得住寂寞和孤独，扛得住压力与诱惑，那么自由职业者是一条实现个人价值的发展路径。选择的权利在你手里，三思而后行。

# 每个人都是演员，身兼N种角色

## ——掌握平衡，让每个身份势均力敌

女友J是一家公司的销售主管，能够坐上这个位置，实属不易。

J骨子里有一份不服输的倔强，她的办公桌上永远有一张崭新的计划表，2天之内要处理的工作，都罗列得很清楚。这张计划表，她每天都会进行更新，即使已经筋疲力尽，也要强撑着把计划表写完。

每天早上，从睁开眼的那一刻起，J脑子里想的就是工作。丈夫偶尔有事打电话给她，不是拒接，就是匆忙回复一句：“我忙着呢，等会儿给你回电话。”这一等，就是一整天。

然而，J也只是一个普通的女人。偶尔，巨大的工作压力侵袭着她，让她无所适从。她是公司里的中层领导，为了让上司信任自己的能力，她几乎时刻紧绷着神经，生怕下属办事不力，把事情搞砸。为了展现出自己能干的一面，给下属树立一个积极的形象，她经常要耐住性子，亲力亲为给下属做示范。那些积压的不满情绪，她通常都选择忍着。可一旦回到家，这种情绪就如洪水般爆发了。

累了一天，回家后她没心思再做其他事情。家里经常不开火，丈夫工作也很忙，俩人要么各吃各的，要么就叫外卖。为了洗衣服、打扫房间的问题，J不知道跟丈夫吵了多少次。她觉着，丈夫不够心疼自己，嫌他不会做饭、嫌他懒，而丈夫也是一肚子委屈。

有一次，丈夫在情急之下，对J大发雷霆："你在外面是领导，可在家里你不是，我也不是你的下属。我公司的事不比你少，你什么时候关心过我？我遇到麻烦的时候，你说过一句好听的话吗？只会嫌我赚钱少，没能让你过清闲日子。你问问自己，是我不让你清闲，还是你自己不愿意闲？现在弄得家不像家，日子不像日子，你感觉不出来吗？我们的压力都很大，就不能相互理解一下吗？为什么非得把外面的事拿到家里来，折磨自己人……"

一连串的问题，让J哑口无言。她突然发现，自己虽然是个好员工、好上司，可却算不上优秀，因为自己的努力没给家庭带来幸福，没给爱人带来轻松，甚至还影响了爱人对生活、对工作的心情。她也意识到，自己在工作与家庭的天平上，失衡得太厉害了。

从心理学角度来看，J有“压力上瘾”的倾向。她把自己沉浸在没完没了的忙碌中，不停地投身于工作，给身心造成了巨大伤害。对于J的丈夫来说，他的妻子似乎只有一个身份，就是职场上雷厉风行的女上司。在家里，他得不到妻子的理解，感受不到妻子的关心，体会不到妻子的支持，反而还要承受她在外面无处宣泄的巨大压力。

J抱怨自己的爱人赚钱少，没能让自己过清闲的日子。可事实上，丈夫每天都在努力打拼，并不是一事无成，只不过J内心积攒了太多的负面情绪，面对最亲近的人，毫无保留地释放了出来。她所利用的方式，就是把所有的不悦、所有的压力进行转移。

生活就像一个随时变换场景的舞台，每个人都是演员，身兼N种角色。这些角色各有差异，却都属于一个整体，相互影响、相互促进、协同增效，每一个角色对其他角色都有影响，各个角色之间不是你输我赢的对立模式，而是相互依赖的供应模式。如果一个重要的角色饰演不好，就会影响到其他角色。

J就是一个典型的例子。她看似是一个雷厉风行的职场女中层，有强烈的事业心，每天为了工作奔波。但我们一直在强调，努力和

忙碌是两个概念，效率和时间也不是对等的关系。从效能上来说，她并没有饰演好领导的角色，所有把事务性工作都压在自己身上的领导，一定忽略了授权的重要性。就如一句刺耳的话所言："不懂带人，你就自己干到死。"

没有完全饰演好职场中的领导角色，自然会产生巨大的压力。这种情绪上的压抑，又被J无形中带回了家，影响到她在家庭中的角色——妻子。幸好，J目前还没有孩子，否则的话，她极有可能会成为一个没有耐心、急躁而又时常自责的母亲。

这也是不少新时代女性的困惑：渴望有独立的事业，也想成为顾家的妻子，更想给孩子温暖的陪伴。多种角色要去饰演，精力和时间却很有限，如何在每个角色中转换自如，就成了一个巨大的难题。

有没有解决的办法呢？在这方面，SAS中国区前总经理龚仲宝，以及环球资源华南区人力资源经理邓珊，分别提出了她们的一些心得体会，我认为很值得借鉴和学习：

**·分清角色重点，合理利用时间**

龚仲宝带领着公司的一个团队，队员多以男性为主，团队的凝聚和提升离不开她。同时，她又是两个女儿的妈妈，孩子的成长更需要她的陪伴。她的平衡办法就是，分清角色重点，追求时间质量。

在家里的时候，她会主动跟孩子们一起做游戏、讲故事，无论时间长短，都把注意力放在孩子身上，做到全身心地陪伴。离开了家，走进公司，她会珍惜每分每秒，合理安排工作，力求把时间用到极致。她的工作需要团队的配合与执行，所以她会规划好每件事情的优先权，依次排序，把计划安排和下属沟通好，让他们都了解工作的重点。一旦遇到了问题，都能知道在什么时候、以什么方式向她求助。

把角色分开，合理安排时间，可以让大脑得到充分的休息。角色虽然不同，但也有相通之处。比如，一些在单位里没有解决的问题，回家休息后，很可能在第二天就能冒出灵感，想到解决的方案。

**·明确目标，发挥优势，充实自我**

邓珊的工作就是与人打交道。依据自身的观察和经验，她认为女性在面临事业与家庭的问题时，最重要的是明确目标。比如，如果希望照顾好家庭，在职业目标上就不要给自己太大的压力，要选择折中的方案。如果希望在职业上有所提升，那么就要多跟家里人沟通交流，得到强有力的后方保障，且自身也得有一些牺牲。这样的平衡可以阶段性地进行调整，以满足自己人生的需求为最终目标。

这让我想到了身边的一位朋友，之前她一直拼命工作，很少顾及家庭和孩子。前年，她的身体出了一些问题，经过这件事后，她重新调整了自己的目标：做一份相对自由、能发挥长处的工作，分一部分时间给家庭和孩子。后来，她就选择了做保险经理人，现在业绩很不错，也终于能时常陪伴孩子看看电影、短途旅行，这样的状态是她现阶段比较满意的。

明确了目标之后，邓珊的建议是，集中优势打出漂亮的一击。她分析说，女性经理人的特质就是自己的优势，比如耐力强、心思细腻、善与人沟通，这些对于中层经理人来说，都是必不可少的素质。此外，还要多了解市场、公司的需要，不断充实自己。多用全新的思维去学习，丰富自己，把挑战变成机会。

饰演好生活中的每一个重要角色，不是简单地把自己的时间和精力分成几个等分，而是要找到合适的平衡点，阶段性地取舍，不断地实践总结，尽量让每一个人生角色都势均力敌。

# 人生有你更好，没有也没关系

## ——过得好的人，都具备单身力

开始谈论话题之前，想给大家推荐一部电影：《美食祈祷和恋爱》。

片中的女主角伊丽莎白，有着一个美国成功女性该有的一切：事业、物质、爱情，统统不缺。30 岁的她，表面看起来无比幸福，可实际上，她每天都生活在悲伤、恐惧和迷惘中，一颗心漂浮不定，不知所往。她说："从 15 岁起，我不是在恋爱就是在分手。我从没为自己活过 2 个星期，只和自己相处。"

第一次看这部电影，距离现在至少有六七年的时间了。当时最深刻的感受是：很多人害怕独处，因为独处意味着一个人面对所有，

意味着悲欢喜乐无处倾诉，意味着可能会被人遗忘。为了避免独处，就用忙碌、应酬、恋爱、玩乐填补着空洞的心灵，用吞云吐雾或酒醉微醺让自己感到满足，甚至在渴求温暖、贪恋陪伴的时刻，投入某一个错误的怀抱。最终，这种迷恋逐渐成瘾，让人深陷其中，宁愿在一群人中孤单，也不愿体味一个人的狂欢。

时隔几年，经历了一些东西，重新回头去看，又有了不一样的感悟。

当下，不少大龄青年都面临着被催婚的处境，特别是过了而立之年的女性，为了躲个清净甚至逢年过节都不愿意回家，更不愿意听见亲朋好友的“好心”质问。我时常觉得，80 后这一代人，在思想观念、生活方式、婚姻恋爱方面，经常会陷入纠结和撕扯中。原因就是，80 后接受的家庭教育和传统观念，与他们现在看到的社会现实，接触到的全新思潮，在很多地方上都是冲突的。

养育 80 后的那一代父母，生活的环境与现在完全不同，女性在事业和人生上可选择的余地更是有限。对很多人来说，结婚生子如同是一项人生任务，到了这个年纪，周围的人都开始步入婚姻、养育子女，自己也不能被“剩下”，找个人嫁了，生一个孩子，这辈子就算有了一个归宿。他们畏惧舆论和流言，害怕自己活得跟别人不一样。这原本是他们的生活观，却很顺理成章地加在了子女的身上。

80 后接触的现实是什么样的呢？越来越多的人，开始崇尚自由和自我，价值观不再单一，而是朝着多元化的趋势发展。受环境的影响，他们开始倾向于独立思考、自信积极，不愿意被某一种思想捆绑，也不再看重所谓的“稳定”，培养出了越来越强大的“单身力”。

不要误会，这个“单身力”不是指常规意义上的单身，而是独立、独具一格的意思。当然，也可以用在婚恋方面，就是“有你更好，没你也没关系”，不会把自己的人生完全寄托在另一半身上，保持独立的人格与独立的生活。爱对方，但不把婚姻当成阶梯，保持独立的经济能力和思想状态。

莉表姐今年 36 岁了，在政府机关单位做公务员，有自己的独立住房。家里人经常催婚，还以再过几年可能难以生育来威胁她，莉表姐一直都不为所动。她对爱情有渴望，但并不强求，毕竟没有遇到合适的人，也不想将就地组成一个形式上的家。

她总说：**“家，一定得是有爱的；生活，一定得是有温度的。”**

从 25 岁开始，莉表姐就开始一个人生活，至今也有 11 年了。这期间，她拿了两个硕士学位，在单位晋升为科长。稍长一点儿的假期，她都会安排自己出去旅行，东南亚、欧洲的很多国家，她都去过。独自在家时，偶尔也会学两道新鲜的菜，用她自己的话说：“一个人也得好好吃饭。”

虽然周围的长辈们还在对莉表姐催婚，可作为年龄相差不太多的我来说，并不太担忧莉表姐的未来。相反，那些终日感叹生活辛苦，或是想找个人结束苦闷穷困的单身生活的人，倒是更值得担忧。现实中有太多的例子摆在眼前，强烈畏惧孤独、把安全感寄托给别人、把经济压力转移给另一半的人，往往都会在感情中受伤，不是最后把对方缠到了难以呼吸的程度，就是让人觉得被压得透不过气。

每个人都有一个杯子，爱就是这个杯子里的水。你总得先把自己的杯子斟满，爱才能自然而然地溢出来。如果你的杯子是空的，甚至只有一半，想让爱溢出来是不可能的。婚姻也如是，它需要你先具备爱的能力，把积极的、美好的东西带入其中，才能够与对方形成正向的互动，从而收获温暖、宽容、接纳、承担。如果你的内在是匮乏的，只是想借助婚姻向对方索取身心所需，就会形成一种不对等的关系。没有哪一个生命，能够完全承载得起另一个生命的所有需求，最终的结果就是，因背负不起、太过沉重而选择放弃。

我是相信“吸引力法则”的：**你是什么样的人，就会吸引什么**

**样的人。**像莉表姐这样的女性，无论嫁与不嫁，她都有能力让自己过得很好。这是一种“单身力”，是无论何时何地都无法被人夺走的能力，更是根植于心里的生命力。她身上散发出的独立、美好的特质，定会吸引那些与她势均力敌的人，因为人永远都追求与自己旗鼓相当的搭档。

纵观我身边那些过得好的人，无论男性还是女性，他们都具备强大的“单身力”。置身在这个充满不确定性的时代，游走在社会舆论与自主生活之间，这份“单身力”，让他们拥有一份面对未知的淡定，也有对糟糕人生进行重新洗牌的能力，更有不慌不忙抵御危机的从容。

你，是一个有“单身力”的人吗？

# 没人鼓舞时，如何保持斗志

## ——如何成为自燃型的达人

肖米失恋的那段日子，每次跟她闲聊，最后的话题总会落到“某个人”身上。

我问她：“分开这么久，你惦念的还是这个人吗？你在什么样的处境下，对这个人的想念会更强烈？”很快，答案就冒出来了，肖米说：“我惦念的是他给我的鼓励和欣赏，我在对工作缺乏掌控力、感到焦虑和不安时，会更希望这个人在我身边。”

认识肖米多年，深知她的才情与能力。这些年，她也去过三四家不错的单位，但很遗憾，都没能够做长久。原因就是，她太需要一个充满鼓励的环境了，也太需要周围人的认可与赞美，比一般人对此的渴望都要强烈，甚至可以说是依赖。

工作这件事不可能时刻都是顺利的，总会遇到挫败。面对这些事情时，要指望老板去鼓励你、支持你、赞美你，八成都是痴人说梦，不挨批、不被扣工资、不丢了饭碗，就已经算是逃过大劫了。出了问题，多数人都会思考，如何处理好手里的烂摊子，扭转不利的局面。

然而，这些事到了肖米那里，就成了致命的打击。她会跟领导再三解释，试图把失败归于外界因素，不想承认是自己办事不力。如果领导否定了她，她的挫败感立刻就会涌上来，弄得自己郁闷许久，无心工作。原本就没完成好任务，又带着负面情绪，任凭哪个老板见了，也不会喜欢的。

在上一份工作中，肖米也遇到了这样的情况，且是频繁遇到。好在，身边有年长她一些且职场经验丰富的男友陪伴，为她出谋划策，给她鼓励支持，陪她渡过难关。在那两年里，肖米的工作状态很好，潜力也得以发挥，后来更是被领导提升为策划部的主任。见她有这样的进步，男友还帮她一起做了接下来的职业规划。

一切似乎都在朝着美好的方向发展，但天不能处处遂人愿，男友最终还是因为家里的一些原因，离开北京，回南方的老家去

了。肖米不愿意去南方，经过一番理性的思考，男友决定放弃这段感情。

他彻底从肖米的生活中消失了，随之带走的还有肖米对工作的热情、对自我的肯定、对未来的憧憬。她感觉自己处在一种无力的状态中，对工作提不起兴致。她跟我说："如果没有人陪着我走，我不知道该怎么走下去，我找不到前行的动力。"

碍于朋友这一层关系，我没办法给肖米做咨询，但帮她推荐了一位资深的同行。经过一段时间的调整，她总算是从失恋的痛苦中走出来了，也意识到了一个事实：**每个人都渴望并需要外部的支持，可真正能够决定我们走多远的，还是自我激励。**

什么是自我激励呢？就是个体不需要外界的奖励或惩罚作为激励手段，就能够为设定的目标自我努力工作的一种心理特征。

肖米这些年一直欠缺的，恰恰就是这项重要的情感能力。

有过生活阅历的人大都清楚，不是所有人都会为我们鼓劲加油，也不是所有人都会在我们身陷逆境时有条件、有能力伸出援手，更多的时候，我们还得靠自己咬着牙去给自己鼓劲儿，让自己熬过去。即便不是面对困境，而是面对平淡的日子，外界给予的推动力也难以激发我们真正的动力，唯有发自内心地想去完成一件事，才可能付诸全力。

任何时候都希冀别人来赞美、鼓舞自己，有点儿不切实际。董明珠曾经说过：“要让上级哄着你做事的，请回到你妈妈身边去，长大了再来面对这个世界！这个世界的现实太残忍，你想过得更好，意味着你要加倍努力奋斗，而不是抱怨！这个不适合我、那个我不想做、这个我做不来，最终结果是我们输给了自己！”

稻盛和夫在《干法》一书中，把员工分成三种类型：

· 自燃型：不用别人督促就能积极工作，自己点燃自己，还能点燃周围的同事。

· 点燃型：通过谈心、开导逐渐喜欢上本职工作，靠别人点燃自己，把光和热散发出来。

· 阻燃型：工作消极，敷衍了事，任何东西都无法将其点燃，只做和尚不撞钟。

三种类型的人，谁能在事业上钻研得更深、走得更远？答案一目了然。想要成事，终究还得自我燃烧、自带鸡血。关键是，怎样做到自我激励呢？

**· Step1：停止任何负面的、责备自己的想法**

不要总是跟别人进行无谓的比较，要多跟过去的自己进行横向的比较。无论遇到什么阻碍，把注意力放在如何解决问题上，而不是怀疑自己、责备自己，这是一种严重的、没有任何益处的内耗。

**· Step2：设立一个远大而又具体的目标**

很多人之所以不能达到自己孜孜以求的目标，是因为目标太小、太模糊，让自己丧失了动力。如何设立目标，我们在前面详细地讲过，一个远大又具体的目标，才能激发我们的想象力和奋发向上的动力。

**· Step3：远离那些消耗自己正能量的人**

那些习惯性给你泼冷水的、不支持你目标的，以及消极悲观、颓靡不振的“朋友”，尽可能地敬而远之。你所交往的人，会直接影响你的状态和生活。与愤世嫉俗的人为伍，很容易一起沉沦；和积极乐观、行动力强的人一起，你也会备受感染，从而勇于迈出舒适区。

**· Step4：保持内省自知的状态**

很多人都是通过他人对自己的印象和看法来看待自己，这其实是很片面的。把自己的个人形象、能力建立在他人的观点上，有可能严重束缚自己。无论是他人的赞美之词，还是贬低态度，都不必太放在心上，要通过自我思考去建立自己的形象。

**· Step5：给自己制造危机感**

很多时候，我们习惯为自己创造舒适的生活，设计轻松的生活方式。殊不知，适当的危机感和紧迫感，往往更能激发人的潜能。当然，我们不必坐等危机和悲剧的来临，从内心去挑战自我，制造一点儿危机感，更有利于个人的成长与进步。

上述这些方法是比较通用的，但每个人的具体情况不同，也需要在实践中靠自己去摸索。就我这个自由职业者而言，我保持自我激励的方法有以下几种：

· 做喜欢、感兴趣的选题，无论赚钱多少，总能从中学到东西并感到满足。

· 依照工作的难度为服务定价，棘手一些的任务，价格也会高一些，算是给自己的鼓励和犒劳。毕竟，写稿子也是脑力和体力兼用的劳动。

· 多给自己定几个目标，比如，今年要承接商业领域的写作内容，积累 100 个小时的心理咨询个案，这对我来说都是莫大的激励。

因为在这个过程中，自己既能够获得精神上的鼓舞，也可以收获金钱上的回馈。

未来的日子，愿我们都能成为自己的太阳，不用借助别人的光，也可以闪闪发亮。

# “斜杠青年”的路，该怎么走

## ——“斜杠青年”的养成路径

不知道大家有没有发现？过去，在媒体报刊或网络上，看到一些跨界人士的简介时，通常是这样的：××，演员、歌手、赛车手。现在，同样的一番介绍，人们似乎更喜欢用这样的方式来呈现：××，演员/歌手/赛车手。

其实，所有的用词都没变，唯一不同的是，前面的身份之间用的是“顿号”，后面的身份之间用的是“斜杠”。为什么要这样呈现呢？因为，现代社会正流行“斜杠青年”。

“斜杠青年”一词，来源于英文 Slash，是 2007 年麦瑞克·阿尔伯在《双重职业》一书中提出的概念。她提到，越来越多的年轻人不再满足于“专业职业”的方式，开始通过多重职业来体验更丰富和更多元化的生活。这些人的自我介绍，都用“斜杠”来区分。于是，“斜杠”就成了他们的代名词。

听起来似乎很简单：多兼几份职，贴上几个标签，不就变成“斜杠青年”了吗？当下，有不少人都是这么认为的。其实，这是对“斜杠青年”片面的、肤浅的认知。为了避免“斜杠青年”带来的误解，作者麦瑞克·阿尔伯特意用“无边界人生”来给“斜杠青年”定义：

·职业与收入无边界（没有专业的职业和固定的收入）

·工作方式无边界（没有限定的工作场所、固定的雇主、固定的合作伙伴）

·心态无边界（没有必须和一定，人生有无限的可能）

从上述几个因素来说，“斜杠青年”应当代表一种全新的人生价值观，其核心是多元化的人生。“斜杠青年”不是多兼几份职，而是经过长期的自我投资和积累，拥有核心竞争力。

姑娘 B 是我的一位读者，去年刚刚大学毕业，她的专职工作是在一家公司做 HR 助理。她有一个专长，就是能做出精美的 PPT，每次公司要组织内部培训课时，她都会帮上司整理出一份逻辑清晰的课件。做了1年后，她自己对课件上的内容也比较了解了，就策划了2个简单的课程，在朋友圈里兜售。没想到，买账的人还真不少，她靠卖课赚到了6000块钱。小试牛刀，给姑娘B带来了莫大的鼓励。她就开始琢磨：能不能辞职，主攻朋友圈卖课？

你认为，她这个想法靠谱吗？

巴菲特说过一段话：**“人生就是不断抵押的过程，为前途我们抵押青春，为幸福我们抵押生命。”**这句话背后的意思是，如果没有可抵押的资本，能抵押的就只有青春、时间和生命了。毕业前5年，是找准定位、培养核心竞争力的关键期，主业都没有确定，都没有做好，就去做“斜杠”，两三个身份加在一起，往往哪一个都做不好。

想朝着“斜杠青年”的方向发展，是一条不错的人生路径，但它不是一蹴而就的。你需要对自己和未来想要的生活有一个很好的认知，并知道为了达到某个职业目标需要进行哪些自我投资。然后，进行合理的规划，充分利用业余时间去逐一地执行。

通常来说，“斜杠青年”有以下几种模式：

**· 固定职业＋兴趣爱好**

我的一位朋友，专职是媒体运营，业余时间就喜欢播音。平时下班后，她就把时间都用在了播音上，建立了自己的公众号，在一些大的网络平台，投放自己的音频。

**·左脑+右脑**

有的人从事计算机编程工作，但同时又是作家。他写的东西，是理性+艺术的，主要就是为大家提供一些学习方法，给人带来更开阔的思维。

**·大脑和身体**

一个从事脑力工作的人，业余时间学习了瑜伽，后来成了瑜伽教练。这就是在脑力劳动和体力劳动之间相互切换。

**·写作+教学+顾问**

我在培训机构里认识的一些老师，走的就是这条路线。他们有专业的心理学知识，平时接个案咨询，周末给大家讲课，还会写一些心理学方面的著作。

无论是哪一种组合，都离不开一点，就是先得有一项“强单杠”。换句话说，你得找到安身立命之本，先谋生再谋梦。如果没有一块赖以生存的长板，是无法在这个激烈的时代立足的。太过急切地求大求全、不求卖点，无论是做人还是做企业，都很容易失败。

在成为“斜杠”之前，你得先有一样能够拿得出手的强项。这个强项，就是你擅长的、经过刻意练习的技能，力求达到“专业”的程度。当你的“单杠”能力强到一定的程度时，你才能够安心地去开启“斜杠”人生，这是一个至关重要的前提。

有了强大到无可替代的“单杠”后，就要开始画“斜杠”了。可是，“斜杠”之后的内容，并不是随意画的，而要选择“投资回报率”高的事情。最好的办法，就是选择与自己的“单杠”有关联的。

我在培训课上认识的一位姐姐，她的本职工作是新媒体编辑，在单位里是媒体部的主管。可以说，她在这方面已经很有经验了，且能力很强，已具备“强单杠”的条件。之后，她开始学心理学，并在网络上做心理类的公众号，凭借敏锐的市场嗅觉和丰富的媒体运营经验，她的公众号涨粉很快。这个“斜杠”，她画得非常自然，因为所做的事就是协同，毫无刻意之举。现在，她又开始借助公众号的力量，策划一些线下的心理沙龙活动。

看似是在做不同的事，其实都是有关联的，以一专带多能，用小力撬动大收益。这样的投资就属于回报率高的选择。所以说，真正优秀的“斜杠青年”，都懂得给时间算“边际效益”，每增加1分钟的投入，都能获得比主业更多的钱。如果总是一对一地消耗时间，这样的“斜杠”不要也罢。

每一条路都不是坦途，难免会磕磕绊绊、起起伏伏。如果在发展“斜杠”的路上，感觉路变得越来越窄，不妨先停下来，适当整顿，而后再出发。人生从来都不是直线上升的，能在蜿蜒的曲线中一点点上行，就已完美。

# 该做事做事，该休息休息

## ——身体也是核心竞争力

2017 年，我度过了漫长而煎熬的夏天。

那几个月，我的身心状况都不太好，神经性皮炎一直困扰着我，体重也暴涨，经常整夜整夜地失眠。中医说，想彻底好起来，吃药调理是一方面，更重要的是学会减轻精神压力。他问我，是不是遇见了什么变故。我坦言，压力多来自工作。

偶尔我们都会有一种错觉，当情绪和状态不太好的时候，会认定是某件事情引发的，但事实上，情绪的失控、身体的失调，都是负面因子长久积压的结果，某件事不过是一个导火索罢了。回想起我那时的状态，也是冰冻三尺非一日之寒，而我却浑然不觉，若不

是朋友提醒，我还在迷糊中。

那年夏天，我和阿娇在西单大悦城约饭。她和大学时没什么两样，除了长了几斤赘肉以外。在她吵嚷着要减肥时，我露出了一丝不屑的神情，送她一个白眼，调侃说："你就不能对自己有点儿高要求？你对自己太溺爱了，没有追求的女人没前途。"

熟稔的我们，经常这样互相奚落，半开玩笑地戏弄对方。她瞪了我一眼，反驳说："就你好！你现在都快成工作狂了，知道吗？一个不心疼自己的女人，别指望别人心疼你。"

话是够损的，却也够实在。

那一年业务扩大，工作量骤增。合作者的真诚与认可，让我不敢有丝毫懈怠。从早上走进办公室开始，我就变身成了工作上的推土机，铲平遇到的一切问题。我很少正点下班，每天的工作时间基本都在 13 ～ 14 个小时，周末不是审稿，就是琢磨选题。

阿娇约过我不下三次，每次我都回绝，不是加班，就是有工作未完成，好像每天、每时、每刻都有做不完的事。累了的时候，我安慰自己说："有压力才有动力，有压力才有激情。"忙的时候，我又安慰自己说："忙点好，这是在为生活努力，这是在向幸福靠近。"

压力如影随形。当压力到了一定程度，就开始在身体上“肆虐”，锁骨的部位开始出现大片的红疙瘩，刺痒难耐，反反复复。明明很累、很烦，可就是停不下来。许久以后，我才知道，那是“压力上瘾症”。

阿娇收起调侃的笑，严肃地问我：“你不觉得，你的工作状态有问题吗？这份工作是你喜欢的，但你现在对它的感觉，跟最初的时候已经不一样了，连我都能感觉得到。所有的忙、所有的累，带来的就是浑身毛病，却没听你说过自己多开心。这样的努力，根本就是在拼命，不仅带不来高成就，还会榨干你的能量。你呀，给自己制定了太多的‘应该’，没有喘气的功夫。其实，你有能力和义务去选择做什么、什么时候做。”

那真是一堂“解脱课”。阿娇戳中了我的痛处，一直以来，我都太过求好，不管制订了什么计划，就想着早点完成、完成得漂亮，哪怕付出再多的辛苦也甘愿。可回头想想，很多事都是想得很好却不能兑现。就像每次接到新的策划案，我都竭尽全力去做，可是好几次还是被客户退了回来。我内心很受挫，可又不敢表现出来，怕对方觉得自己心理太脆弱，只得加倍努力。

日积月累，紧绷的节奏让我每天生活在忙碌、焦急和挫败中，

因为有太多“应该做的事”，因为那些“应该做的事”似乎永远都做不完。

纠结了N久，我给工作按下了“暂停键”，开始调整自己。我再次看了中医，吃药辅助调理。每天看书、上网、写字、运动，放松心情，不背负任何思想压力。大概1个月左右，锁骨上的那片红疙瘩消退了，而我的睡眠状况也得到了改善。

完全调整好之后，我才重新恢复工作。工作的性质没有变，和原来基本一样，但我在工作方式和心态上，却不再那么较劲儿了。我想明白了一件事，努力本身是没有错的，它能锤炼技能，磨炼心智，赐予经验。只是，努力需要讲究方式，不是傻乎乎地拼命，像机器一样时刻不停转地工作，而是在追求高效率工作的同时，享受高质量的生活。

人生是一场漫长的征程，靠的不是一时间的爆发力，而是耐久力。骆驼行走在人迹罕至的沙漠中，即使是在没有水的情况下也可以长时间存活，如此顽强的生命力依靠的就是一个好的身体，在严峻的环境下不卑不亢、有条不紊地前行。

最后要说的就是，我这几年一直坚持每天阅读，这是自我充电的方式。任何工作都是一种输出，写作的人更是如此，唯有不断地汲取养料，才能拓宽思路，才不至于灵感枯竭。若是看书看腻了，那就换成让身体在路上的节奏。此时此刻，我就在想，完成这本稿子后，我要不要去旅行?